語りかける中学受験算数

超難関校対策集
平面図形編

市原秀夫

はじめに

　本書は、中学入試の算数の典型問題を一通り学習した受験生を対象として、以下のような受験生や保護者の方に役立つことを目指しました。もちろん、中学入試の内容を先取り学習で終えている非受験学年の受験生の方も是非本書を手に取ってみてください。

・全国の最難関中学を受験しようと考えている受験生
　（表紙裏に書かれているような学校を志望している受験生）
・図形問題を得点源にしたい時間のない受験生
・図形問題をより深く理解したい受験生
・図形問題の本質に触れてみたい好奇心旺盛な非受験学年

　この本を手に取っているのは、中学受験生や来年度以降に中学受験を控えている皆さん、そしてその保護者の方、もしかしたら中学受験の塾の先生や家庭教師をしている方もいるのかもしれません。

　いま、この本を手に取っていただいた皆さんに問いかけたいことがあります。
　『パズル』はやったことがありますか？ 好きですか？
　最近は所謂普通のパズルの他にも、３Ｄパズルなど様々なパズルが販売されていて、一度は手に取ったことがある方がほとんどなのではないでしょうか？ このようなパズルを買ったのはいいですが、開封したばかりの未完成の大量のピースを眺めているだけで心が折れそうになるのは私だけでしょうか。しかし、パズルは根気強く組んでいくことにより、誰にでも**必ず完成させられるもの**だと考えています。実は算数の図形問題についても同様のことが言えるというのが私の持論になります。この本のテーマとなる、超難関中の図形問題は**一定の型（定理と呼ばれるもの）やテーマが潜んでいる良問が毎年繰り返し出題**され続けているのが現実であり事実です。この定理やテーマが前述のパズルのピースに当たるものなのです。つまり、超難関中の図形問題といえども**自分の知っている型を図中から探し出したり、作図をしたりしていけば答えに辿り着ける**ように作成されています。ですから、時間を掛ければ誰にでも正解出来るように作成されているといっても過言ではありません。出題者だって、どのような行程を経て答えに辿り着くのかを作問段階で想定して作問しているはずです。私が大手学習塾で問題を作成する際はそのようにしていました。

　図形問題は時間を掛ければいつかは正解に辿り着けるとお伝えしたと思います。それは事実です。しかし、ここで頭を悩ませる問題があります。それが、試験時間という、各学校が設定している試験時間です。この試験時間が各中学で極めて絶妙な時間配分で受験生を苦しめて、図形問題の考える余裕を奪っています。これは限られた時間で能力を計る入学試験という性質から見て、仕方のないことです。これを、先程の『パズル』の話に置き換えると、制限時間内に『パズル』を完成させなさいと指示されているのと同義といえます。つまり、**試験時間内に問題を解けること**が合格の最短ルートになるわけです。何を当たり前のことを思われる方もいるかもしれませんが、戦略上では試験時間内に全て終わらせるということは極めて重要な要素になります。

　その上で、良く考えて欲しいことがあります。それは、**どの中学でも図形問題は必ず出題**されます。出題しない中学は皆無と言っても良いくらいです。そしてその問題の中には、定理やテーマが必ず潜んでいるというのは先述の通りです。これらを素早く発見する訓練を積んでおけば、試験中に心の余裕が生まれ、緊張もほぐれて焦らず問題に取り組むことが出来るのではないでしょうか？ つまり、**図形問題の攻略の大前提は図形の定理やテーマの理解**に他なりません。

　『パズル』と図形問題の大きな違いは図形問題を解くための定理（ピース）は目で見えるような『パズル』のピースとは異なり、**既習事項という前提で出題**されていることです。このピースに当たる部分の定理やテーマを理解していないで、ただ問題に取り組む受験生が多いのも事実です。

　そこで、本書では最初に図形問題を攻略するための武器（定理）を、問題形式でまとめています。その際に重要視していることが、

　　何故、その定理が成立するのか？

という、根幹部分の理解になります。これは、**他人に説明して納得させられるくらいのレベルまで持っていく**べきです（勿論、一部の例外となるものも存在します）。保護者の方が聞き手になってみるのが一番早いのではないでしょうか？ その上で問題を解いてみると、非常に効率良く答えに辿り着けることは実証されています。この『何故、そうなるのか？』という探求する部分は**算数以外の他科目においても最重要項目**であり、**超難関校**

受験生は気付かないうちに自然と頭の中で行っていることです。

　私は大手進学塾講師や家庭教師などという形で毎年中学入試に携わっており、15年近くになります。講師としては当たり前のことなのですが、首都圏の主要な中学校に教え子を送り出して来ています。開成・灘・筑駒の3校合格者や、サンデーショック時の桜蔭・女子学院（フェリス女学院）・豊島岡女子学園の3校合格者などを輩出しております。もちろん、それ以外の学校以外でも確かな実績を残しております。その対策をする際には、各受験校の過去問は一通り解いた上で傾向を把握して指導に臨んでおり、傾向と対策は十分に把握していているという自負があります。関西の入試問題も難関校を中心に入試問題は大手進学塾在籍時に作問などの参考のために一通り解いており現在進行形で解き進めております。ですから、関西圏在住の受験生の方も安心してこの本を読み進めていってください。**日本全国の中学入試の図形問題に対応出来る力・解答力がつく**ように作成しております。

　また日頃より、受験生かその保護者の方より『図形問題を短期間で上げるのに適した問題集はないですか？』との相談を受けることがあります。実はその明確な答えが見つからずにいました。それは、問題数が極端に多かったり、解説が不親切なものであったり様々な弱点を抱えていました。それならば、自分で作ればいいのではないか！　というのが今回この本が世に産声を上げた経緯になります。

　本書を書く上で意識したことがあります。上記の弱点をなくした上で、既存の問題集の良い部分とは共存するという形式の問題集の完成を目指し作成をしました。そして、問題の解説をする際に、この本を読んでくれている**受験生や保護者が実際に私の目の前に座っていると仮定し、喋ることやポイントになることは全て書き上げました**。ですから本書は**講義形式**で進めております。また、必要に応じて別解などを掲載し、ワンパターンになりがちな解法に幅を持たせることにより、問題の奥深さを伝えるとともに臨機応変さも身に付けていけるようにしました。問題を解いてみて、正解していたら読み飛ばすのではなくて、解説を精読してみてください。勿論、別解が掲載されていたら是非そちらも読んでみてください。

　本書を学習して、算数の楽しさや奥深さを学び、その力を十分に発揮して志望校合格を勝ち取っていただければ、著者としてこれ以上の喜びはありません。

2020 年

◎　本書の効果的な利用法　◎

　この本は全国の最難関校受験生向けに書かれています。ですから、扱っている問題の難易度は高めの設定です。図形問題の典型問題に一抹の不安がある受験生は、典型問題を一通り解けるようにして、本書の問題に戻ってきて再び取り組んでください。そのような場合、焦りは禁物です。冷静に今やらなくてはいけないことを見つめてください。直前期でも伸びている受験生を私は毎年見てきています。

　典型問題を一通り習得した受験生は、例題に取り組んでみてください。**制限時間は小問ならば 5 ～ 7 分くらい、大問ならば 15 分くらいが目安になります**。当然、各問題にはその問題を解くための最初の一手である解答の方針が潜んでいます。ここまで見抜ければその問題は解けたようなものですが、中々解法の方針が立たないこともあります。その場合、いきなり解説を読まないことです。**算数の学力は考えることにより養われます**。各例題が難しいと感じた場合でも、**必ず自分で考える時間を確保**してください。その上で、その問題のポイントや解説などを読んでみてください。例題で得た考え方を理解し、実践するために、演習問題を活用して、例題の考え方をマスターしてください。苦手な問題などは少し日を置いてから再チャレンジすると効果的です。また、演習の際に**必ず作図をすること（問題の図形も紙に書き写すように）を心掛ける**ようにしてください。作図をすることによって、視覚的には捉えることが困難な図形の構成などを容易に捉えたりすることが可能になるケースもあります。そして、**図形を美しいという感性や感覚**を持って取り組めると更に良いです。美しいものなどは 1 回見れば忘れないことのほうが多いと思います。これは算数でも同じことが言えるのではないでしょうか。つまり、後々まで記憶に残ることで、次に出題されても対応可能です。

　また、算数の問題は 1 回解いただけで完成させられるというケースは極めて稀であると言っておきます。これは私の指導経験からも実証されています。ですから、本書を 1 周した後に再度本書に取り組んで完成させてという方法の方が効率も良く、現実的です。1 周目は流す感じで取り組んでみて、2 周目は腰を据えて解いてみると効率良く取り組めると思います。

　本書の内容を理解した後で、各志望校の過去問などにチャレンジをしてみてください。同じような考え方をする問題がビックリするくらい出題されていることに気付くと思います。その際、本書で得た効率的な考え方や思考力をフル活用出来ているのかを確認するために適宜本書を読み返すのも効果的です。

語りかける中学受験算数　難関校対策集 平面図形編
◇目　次◇

■ 難関校への平面図形

例題一覧

例題 1 次の⑦の角度を求めなさい。

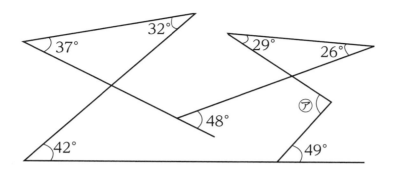

（甲陽学院中）

例題 2 下の図で、四角形 ABCD と四角形 DEFG はともに同じ大きさの正方形で、点 C は A と F を結ぶ直線上にあるものとします。このとき、⑦の角度を求めなさい。

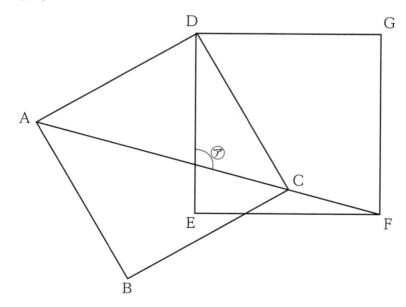

（灘中）

例題 3 次の問いに答えなさい。

(1) 右の図 1 の正七角形において、角 *a* と角 *b* の大きさを求めなさい。

図 1

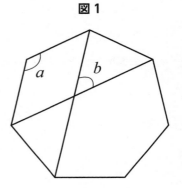

(2) 右の図 2 の正十一角形において、角 *c* と角 *d* の大きさを求めなさい。

図 2

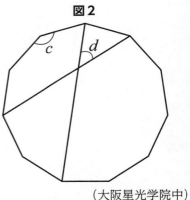

（大阪星光学院中）

例題 4 図 1 のように平らにたたんだ折り紙を広げると図 2 のようになりました。このとき、⑦と⑦の角度をそれぞれ求めなさい。

図 1

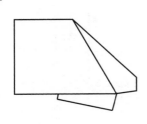

図 2

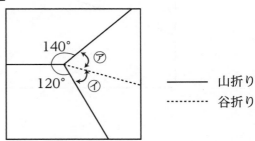

――― 山折り

------- 谷折り

（麻布中）

11

例題5　下の図にように、半径6cmの円周上に4点A、B、C、Dがあります。また、ABとCDは長さが等しく平行な辺とします。ことのき、斜線部分2か所の周りの長さの和が白い部分の周りの長さより、円周の $\frac{2}{3}$ だけ長いとき、斜線部分の面積の和を求めなさい。ただし、円周率は3.14とします。

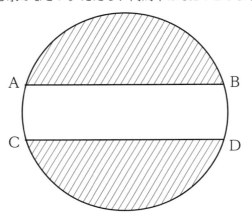

（開成中）

例題6　下の図は、たて6cm、横10cmの長方形です。斜線部分の面積の和を求めなさい。

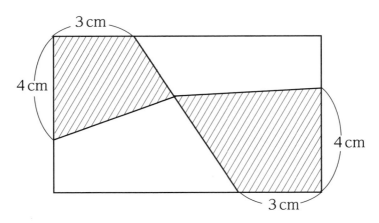

（駒場東邦中）

例題7　同じ大きさの正方形を直線や円で区切って、図のように図形ア〜カを作りました。そして、ア〜カの部分の面積をそれぞれ⑦〜⑰と表し、正方形1つ分の面積を㋖と表すことにします。

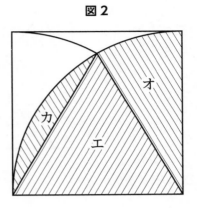

図1　　　　　　　　　　　　　　**図2**

これらの面積には、例えば、

$$㋖＝⑦×1＋㋑×4＋㋒×4$$

のような関係があります。その他に次のような関係を見つけました。㋚〜㋪に当てはまる整数や記号を答えなさい。㋩には記号⑦〜㋖のどれかが当てはまり、その他には整数が入るものとします。

(1)　㋕＝㋓×㋚－㋔×1

(2)　⑦＋㋑＝㋓×㋛－㋔×㋜

(3)　㋑＋㋒＋㋓＝㋩

(4)　⑦＝㋖×1＋㋓×㋭－㋔×㋮
　　㋑＝㋔×㋯＋㋓×1－㋖×1
　　㋒＝㋖×1－㋔×1－㋓×㋰

（開成中）

13

例題 8 図のような平行四辺形 ABCD があり、点 G は辺 AD の真ん中の点です。このとき、次の問いに答えなさい。

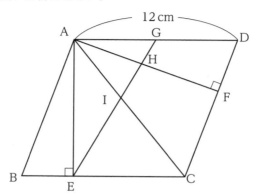

(1) DF の長さを求めなさい。

(2) GI と IE の比を最も簡単な整数の比で表しなさい。

(3) GH と HI の比を最も簡単な整数の比で表しなさい。

(4) 三角形 AIH と平行四辺形 ABCD の面積比を最も簡単な整数の比で表しなさい。

（洛南高等学校附属中）

例題9準備 正六角形の分割

①正三角形の3分割 ②正三角形の4分割

③正六角形の6分割（3通りの方法で）

④正六角形の18分割（2通りの方法で） ⑤正六角形の24分割

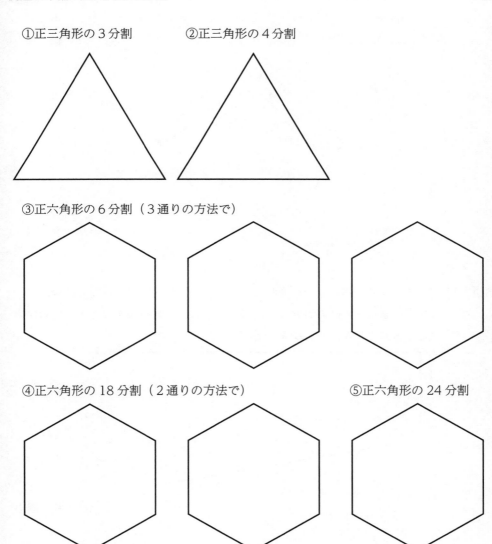

15

例題9　下の図の正六角形 ABCDEF において、AF 上に点 G を取りました。三角形 BCG の面積と三角形 DEG の面積比が 12：13 であるとき、AG：GF を最も簡単な整数の比で表しなさい。

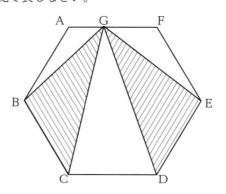

（東大寺学園中）

例題10　光はまっすぐに進み、鏡に当たると、当たった角度と同じ角度ではねかえります。いま、下の図の点 P から、図のように出た光が鏡に当たってはねかえりながら進むとき、上下の鏡に合計何回当たりますか。

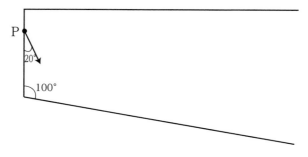

（西大和学園中）

例題 11 図のような正方形の紙 ABCD があります。この紙を、点 C が辺 AD の真ん中の点にぴったりと重なるように折り、折り目の直線を作ります。

折り目の直線が辺 AB と交わる点を点 E、辺 CD と交わる点を点 F とします。このとき、次の問いに答えなさい。

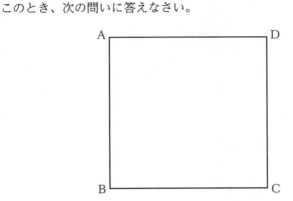

(1) 上の図に定規とコンパスを用いて点 E と点 F を作図しなさい。また、作図した点 E の近くに記号「E」を、点 F の近くに記号「F」を書きなさい。ただし、定規は直線を引くためにだけ使い、作図に用いた線は消さずに残しておくこと。

(2) 正方形の一辺の長さが 2cm のとき、CF の長さを求めなさい。

（渋谷教育学園幕張中）

例題 12　下の図のように 1 辺の長さが 4cm の正方形 5 つでできた図形があります。この図形の周りを、半径 1 cm の円が辺から離れずに回転し、この図形の外周を 1 周します。このとき、円が通過した部分の面積を求めなさい。ただし、円周率を用いるときは 3.14 としなさい。

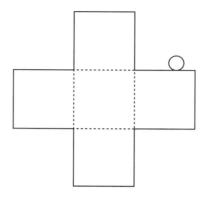

（桜蔭中）

例題 13 図1のように、3辺の長さが AB ＝ AC ＝ 40cm、BC ＝ 48cm の二等辺三角
形 ABC と円 P、円 Q があります。三角形 ABC と円 P、円 Q はそれぞれ接し
ているものとします。円 P、円 Q の中心をそれぞれ G、H とするとき、中心 G、
H と点 I は直線 AD 上にあります。角 ADB ＝角 AEG ＝角 AFH ＝ 90 度であ
るとき、次の問いに答えなさい。ただし、図2のように、3辺の長さが3cm、
4cm、5cm の三角形は、直角三角形になるものとします。

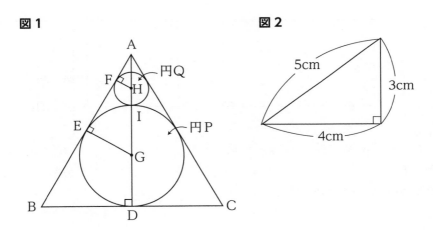

図1

図2

(1) AG と GE の長さの比を最も簡単な整数の比で表しなさい。

(2) 円 P の半径の長さを求めなさい。

(3) 円 Q の半径の長さを求めなさい。

（浅野中）

例題 14 長方形の紙をはさみで何回か切り、切り分けたすべての部分が正方形になるようにします。ただし、もとの長方形も切り分けられた正方形も、辺の長さはすべてセンチメートル単位で測ると整数になるものとします。たとえば、横5cm、縦3cmの長方形の紙を、正方形の個数が最も少なくなるように切ると、図のように4個の正方形になります。そのうち2個だけは同じ大きさです。このとき、次の問いに答えなさい。

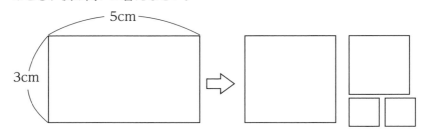

(1) 面積が 56 cm² の長方形の紙は何種類かありますが、それぞれの紙を正方形の個数が最も少なくなるように切ります。このうち、正方形の個数が最も少なくなる場合について、その個数を求めなさい。

(2) ある長方形の紙は6個の正方形に切り分けられ、そのうち2個だけが同じ大きさで、それらは一番小さい正方形でした。このような長方形の紙のうち、面積が最も小さい長方形の2辺の長さを求めなさい。

(3) ある長方形の紙は14個の正方形に切り分けられ、そのうち2個だけが同じ大きさで、それらは一番小さい正方形でした。このような長方形の紙のうち、面積が最も小さい長方形の2辺の長さを求めなさい。

（筑波大学附属駒場中）

難関校への平面図形
例題解説

　本書を手に取る前の受験生やその保護者の皆さんは、図形問題をどのように取り組んでいたのでしょうか？　もしかしたら、毎回行き当たりばったりで問題を解いていた人も多いのかもしれません。それでは図形問題は苦手な人は苦手なままで、ある程度自信のある人でも一定のラインを超えてしまう問題が出題されたらお手上げという状況かもしれません。つまり、偏差値は一向に向上しないままになってしまいます。しかし、本書を手に取った皆さんはもう安心です。実は、**図形問題には正しい解法が存在**します。図形といっても難しく考える必要はありません。図形問題は実際に問題として目に見えているものです。その実際に見ることのできる、図の中に様々な工夫を施して解くことで比較的容易に答えまで辿りつくことがあります。本書では図形に対峙したときの考え方を中心に解説をしていきたいと思います。

　『でも、そういったパターン解法は難関中では通用しないのでは？』と思われる方もいるかもしれません。これから紹介していく図形問題の解法の糸口は、難関校では一見出題されていなそうに思えるかもしれません。しかし、それは**解法の糸口が見づらくなっていて、一見して気付かないものがほとんど**なのです。

　それでは、これから例題を用いて、図形問題の解法の糸口を紹介していきたいと思います。その後、その例題に関連した演習問題を解いて、考え方が定着しているかどうかを確認してみて下さい。

例題1　次の⑦の角度を求めなさい。

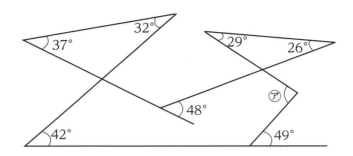

（甲陽学院中）

★コメント★

まずはウォーミングアップからいきましょう。

計算自体は少し面倒ですが、典型的な図形の求角問題といえます。この本を読んでいる受験生の皆さんならば比較的楽に解けて欲しいと願っています。図は一見したら、複雑っぽく見えますが、計算間違えさえしなければ正解は容易いと思います。ですから、これは計算問題としての側面として捉えることも出来ます(笑)。

私は家庭教師として何人もの受験生を指導してきていますが、このような図形の正答率が安定しないケースによく遭遇することがあります。そのようなケースに共通することは、図がグチャグチャになってしまい、いろいろな部分の角度を出してようやく答えを出している受験生です。

例えるならば、それはこんな例と同様です。「今、あなたは東京にいます。ではこれからニューヨークまでお使いに行ってきて下さい」と言われたとします(現実的にはありえませんが)。すると、お使いをたのまれたあなたは**無計画**に空港へと向かっていって、どの飛行機に乗っていいかしどろもどろした結果、ヨーロッパ経由でようやくニューヨークに辿り着きました。これはしないと思います。普通はスマホや旅行代理店に行き、よく調べてから計画を立てるのではないでしょうか？

これが、上で紹介したような解法です。それではマズいのがわかるのではないでしょうか。図形の求角問題も実はこれと同様で、まずどこを求めればよいのかの見当を立てた上で、**戦略的に求めていくこと**が極めて大切になります。

　このように、図形問題は美しく解くことを心掛けて欲しいと思います。

　その他にも、私が受験生に意識させていることがあります。それは先程も出てきましたが、**図をグチャグチャにすると問題が考えにくくなる**ということです。その大きな原因の１つに補助線をやたらに引くことにあると考えています。ですから、常に受験生に、**なるべく補助線を引かないで答えを出す**ことを心掛けるように言っています。適切な部分に補助線を引くことが出来れば、補助線は大きな武器になるのはいうまでもありません。しかし、適切ではない補助線は頭の中を混乱させるだけの厄介な存在になってしまいます。ほとんどの受験生がこの補助線を上手く引けないのが現実です。これはその他の図形問題でも同様の扱いになります。

解答の指針　図形問題の基本姿勢
① 求角問題は求める部分の見当を立てて、戦略的に考えていく。
② 補助線はなるべく引かないで考えられるようにする。

　この例題の出題元となっている甲陽学院中の入試は関西特有の２日間にわたるハードな戦いになります。仮に初日で失敗したとしても次の日に挽回するというような強靭な精神力が必要になります。

　算数の問題は両日程とも 55 分間で大問 6 題の出題です。難易度も年によりばらつきがあるので自分が解ける問題を見極めることが大切になります。しかし、冷静に見れば取れる問題が多いことにも気付くはずです。絶対に解けないような厳しい問題はあまり出題されないので、頻出となる**速さに関する問題（ダイヤグラムを利用した問題）**と、様々な設定で出題される**図形問題**をある程度仕上げた上で、**数論問題**の対策を過去問などを通して慣れておくことが合格への近道です。また、中学校の掲げている基礎的な学力の養成の通りの問題だと言えます。

　更に本番で意識すべきことは、1 題当たりに掛けられる時間が 10 分くらいということです。つまり、数論問題などで試行錯誤を繰り返しているうちに時間はどんどん経過していってしまうことも十分考えられます。ですから、**入試典型問題を短い時間で解く訓練**は必ずしておくべきです。両日の合計で 140 点（7 割）くらいを目安に取れるように仕上げておけば安心出来ると思います。

　図形問題は難関校受験生から見ると、標準的な良問が多数出題されているので他校の受験生も良い演習問題になるでしょう。

☞解説

以下の図において、求めるものを決めてしまうと以下の様になり、

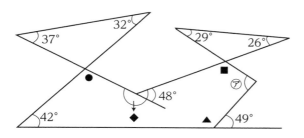

→ ⑦を求めるためには、●、◆、■、▲の角度を求めればよいという解答の方針を立てる。

以上より、●、■、▲、◆の角度をそれぞれ求めると、

$$● = 180 - (37 + 32) \qquad ■ = 180 - (29 + 26)$$
$$= 111 \qquad\qquad\qquad = 125$$

$$▲ = 180 - 49 \qquad\qquad ◆ = 180 + 48$$
$$= 131 \qquad\qquad\qquad = 228$$

→ 三角形の内角の和は **180 度** になるが、難関校受験生は何故 180 度になるのかを説明出来るようにしておくとよい。　☞ p.216 参照

よって、六角形の内角の和は 720 度になることから、

$$⑦ = 720 - (111 + 125 + 131 + 228 + 42)$$
$$= 720 - 637$$
$$= 83 度 … （答）$$

→ 五角形の内角の和＝ **540 度**
六角形の内角の和＝ **720 度**
この 2 つは覚えておくと非常に便利（成立理由の説明も出来るように）。
　☞ p.217 参照

☞別解①　外角の和に注目して求める方法

以下の図において、求めるものを決めてしまうと以下の様になり、

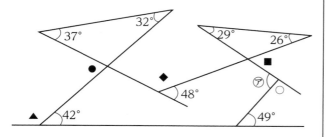

→ 通常では n 角形の外角の和は **360 度** になるが、凹んでる部分があるので、540 度になることに注意。

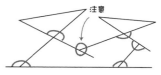

→ 上図において、内角＋外角は、
$$180 × 5 + 360 = 1260 度$$
六角形の内角の和は 720 度より
外角の和は
$$1260 - 720 = 540 度$$

以上より、●、■、▲、◆の角度をそれぞれ求めると、

●＝ 37 ＋ 32　　　　　■＝ 29 ＋ 26

　＝ 69　　　　　　　　　＝ 55

▲＝ 180 － 42　　　　◆＝ 180 － 48

　＝ 138　　　　　　　　＝ 132

また、凹んだ六角形の外角の和は 540 度になることから、○の角度は、

○＝ 540 －（69 ＋ 55 ＋ 138 ＋ 132 ＋ 49）

　＝ 540 － 443

　＝ 97

よって、

㋐＝ 180 － 97

　＝ 83 度 … （答）

☞**別解②　補助線を引いて求める方法**

以下の図において、辺 CB を B の方向に延長した直線と辺 GH を H の方向に延長した直線との交点を K とする。

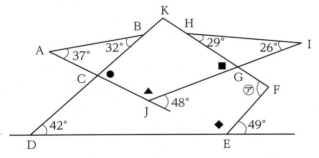

以上より、●、■、▲、◆の角度をそれぞれ求めると、

●＝ 37 ＋ 32　　　　　■＝ 29 ＋ 26

　＝ 69　　　　　　　　　＝ 55

▲＝ 180 － 48　　　　◆＝ 180 － 49

　＝ 132　　　　　　　　＝ 131

→ 図形の求角問題は三角形の内角と外角の関係より、全て説明がつく。

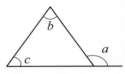

上の図において、

　$a = b + c$

が成立する。

→ **三角形の外角の和の仕組みを理解していないとミスをする問題**と言えます。多角形の外角の和は 360 度になると覚えていては対応出来ない解法です。

また、四角形 KCJG に注目すると、

　角 CKG = 360 − (69 + 132 + 55)

　　　　　= 104

よって、四角形 KDEF において、

　⑦ = 360 − (104 + 42 + 131)

　　　= 83 度 … （答）

→ 今は内角の和に注目して問題を
　解いているが、外角に注目し
　て解いても同様にして解くこ
　とが出来る。考えてみて下さ
　い。

演習問題 1-1　　解答は 144 ページ

　光が鏡を反射するときには、図 1 のように角アと角イが等しくなることが知られています。図 2 のように、内側が鏡で出来ている三角形 ABC を作り、内部の点 P から辺 AC に向かって光を反射させたところ、点 Q と点 R で反射して元の位置に戻りました。このとき、⑦の角度を求めなさい。

図 1

図 2

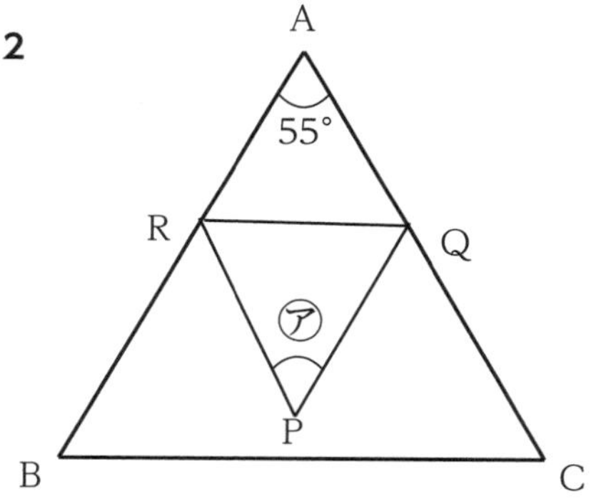

（早稲田大学系属早稲田実業学校中等部）

演習問題 1-2　　解答は 145 ページ

次の①の角度を求めなさい。

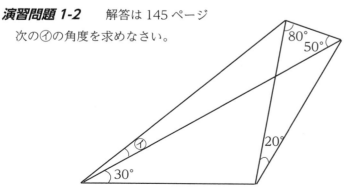

（フェリス女学院中）

例題2　下の図で、四角形 ABCD と四角形 DEFG はともに同じ大きさの正方形で、点 C は A と F を結ぶ直線上にあるものとします。このとき、⑦の角度を求めなさい。

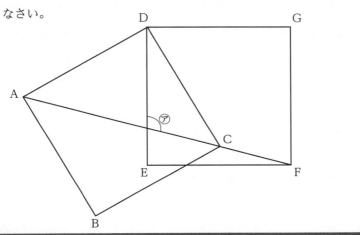

(灘中)

★コメント★

　先程の問題では補助線を引かずに問題を解いていくことを強く訴えていたと思います。次に扱うのは、その例外に当たる問題です。

　最初に念頭に入れておいて欲しいことがあります。それは、やはり**補助線を引くのは難しいという事実**です。ですが、この問題などの例題を通して補助線の引き方のルールをある程度理解することにより、見当違いな補助線を引くことは大きく減少するでしょう。何故そこまで言いきれるのか？　それには理由があります。それは、**補助線の引き方にはルールがあり、それは今まで学習してきた知識に基づく引き方**をすることで簡単に解決します。つまり、特に新しいルールを必要としません。それに、補助線が綺麗に美しく引けたときは今まで苦戦していた問題が簡単に見えるという至福の一時を味わうことが出来るでしょう(笑)。まさにそれは算数という科目が好きになる瞬間なのではないでしょうか。では、そのための航海へと出発していきましょう。今回の題材となっている灘中の入試問題においては、補助線を引くことで有利な状況を作り出せることが多々あります。特に**灘中受験生は過去問などを用いて演習**することをお薦めします。また、他の学校でも過去に補助線を引かないと正解出来ない難問を出題している学校を受験する受験生は、入試本番で図形の求角問題が出てきて**解答の方針が立たないと感じた場合は、潔く飛ばして次の問題に取り組む方が安全**かもしれません。

では、実際に補助線の引き方のルールについて考えていきたいと思います。まず、下の問題を実際に解いてみて下さい。どちらも補助線が必要な問題です。どちらの問題も一回は経験したことがあるのではないでしょうか？

問1　下の図は、AB を直径とする円です。斜線部分の面積は何 cm^2 ですか。ただし、円周率は 3.14 とします。 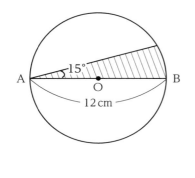 （慶應義塾中等部）	**問2**　下の図で、AB と CD は垂直である。AE、BE、CE、DE の長さはそれぞれ 24cm、6cm、18cm、8cm で、円の面積が 785cm^2 であるとき、斜線部分の面積の和は何 cm^2 ですか。 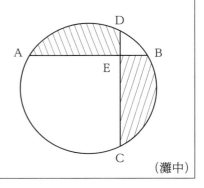 （灘中）

　どちらも全国区の難関中の求積問題です。様々なテキストに出ていますので一回は経験しているのではないでしょうか？　自分がどのように補助線を引いて解いたのかを確認しながら読んでいって下さい。では、問題の解説をしていきたいと思います。

☞**解説**

問1

　下の図において、OC を結ぶと、以下のようになる。

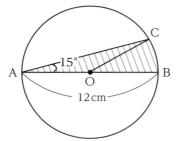

→ いま引いた補助線 OC は**円の半径**に当たる。これは円という図形の性質（扇形の弧や面積などでは半径がないと求められないなど）に当てはまる理にかなった引き方といえる。

　また、図形を分割すると、半径 6cm、中心角 30 度の扇形と頂角 150 度の二等辺三角形に分割される。扇形の面積は、

$$6 \times 6 \times 3.14 \times \frac{1}{12} = 3 \times 3.14$$
$$= 9.42$$

　また、頂角 150 度の二等辺三角形の面積は、下の図のように分割し、三角定規にする。

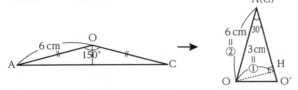

→ **15 度の倍数が絡んだ面積の問題は三角定規を用いて答えを出す**ケースがほとんど。

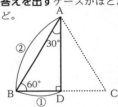

AB：BD = 2：1 となる

　AO：OH = 2：1 であることから②= 6cm より、この二等辺三角形の高さは①= 3cm となるので、その面積は、

$$6 \times 3 \times \frac{1}{2} = 9$$

以上より、

$$9.42 + 9 = 18.42 \text{cm}^2 \cdots（答）$$

→ この問題の類題は様々な学校で出題されています。

　この問題の補助線の引き方は、**円の半径を結ぶ**という線の引き方で図形の性質の通りに引いたものになります。このように、**補助線は図形の性質を考えた上で引くこと**を心掛ければあっさりと引ける場合が多いです。円以外の図形では、**特定の図形を完成**させたり、**対角線を引いたりする**ことが有効な方法になります。

　以上のように、補助線の引き方の目安としては**図形の性質に注目**することによって、有効な補助線になることがわかりました。そして、中学入試では毎年繰り返し出題されているような補助線を引く問題があります。これらの問題は解法が世の中に出回っているものなので、全ての問題に取り組み解法を身に付けておくことが望ましいです。その代表例が問 2 の問題になります。その前にまとめておきますね。

┌─────────────────────────────────────┐
解答の指針　補助線を引く問題
① 補助線は図形の性質に基づいて引くことを心掛ける
② 補助線を引いて解く有名問題は限られているので、全て押さえておくべき
└─────────────────────────────────────┘

☞**解説**

問2

　下の図において、右上の▲と合同な図形を4か所に作る
ような補助線を引いて、分割すると以下のようになる。

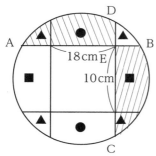

　このとき、図は●、■、▲部分は全て面積が同じになる
ことから、真ん中の長方形を引いて、

●＋■＋▲×2 ＝ (785 − 10 × 18) ÷ 2
　　　　　　＝ 302.5 cm^2 … （答）

→　同様に分割を必要とする問題
　　として、以下の形も有名なの
　　でチェックをしておくとよい。

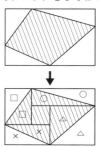

→　図形問題は**等しい辺や角に印
　　を付ける**ようにする。これは
　　面積の場合も例外ではない。

→　求める部分は●1つ、■1つ、
　　▲2つ分の面積になる。円の
　　面積から長方形を引けば、求
　　める部分の2つ分の面積が出
　　せる。

　この問題の分割については、**図形の構成を日頃から考える訓練**をしていれば解ける問題
だと思います。そのために、問題演習をする際には**必ず問題の図を作図**して、その中に考
えたことを書き入れるような習慣を心掛けていって下さい。それにより、その図形がどの
ようにして出来ているのかという最重要な**図形の構成が見える**ようになってきます。逆に
そのような訓練をしておかないと、問題の途中で作図を要する問題を出題する学校を受験
する際の対応に困ることになります。

> **解答の指針　図形問題の演習方法**
> 　**図形問題を演習する際は必ず問題の図を書いて、自分の考えなども書いた上で解くこ
> とを心掛ける！**
> 　☞**その意図は図形を書くことにより、図形の構成を正しくつかむことです**

　では、例題の解説に入りたいと思います。その前にこの問題の出題元になっている灘中
の傾向と対策について少し喋らせて下さい。

　日本の最難関校の一角に位置付けられる灘中ですが、どういった視点で眺めるかで個々

の意見が変わって来ると思います。一つの見方をさせて下さい。日本最難関といわれる東京大学理科Ⅲ類 (以後、理Ⅲと表記します) は、定員 100 名という狭き門というのはご存知の方もいらっしゃると思います。その入試は、全国の猛者が東京に集結してその椅子を奪い合うかなり厳しい入試になります。つまり、東大理Ⅲに合格することは、日本の最難関大学に合格することと同義でしょう。灘中はその東大理Ⅲの合格者数はここ数年だけで見ても驚異的な数字を残しています。当然、それは日本一の数字です。東大だけではなく、京大医学部、阪大医学部への合格者数も圧倒的です。医学部の数字で見ると圧倒的な合格者数と言えます。そういった側面から考えれば、日本一の学校と言えます。

　関西には御三家という名称は使われないですが、もしそれが存在するとしたら将軍家のような存在なのかもしれません。首都圏の開成中学のように、関東から実力を試しに行く受験生もいて、その数は全受験者の $\frac{1}{4}$ くらいの数になります。東京都からは例年 100 人以上の受験者がいます。

　自律心を前提にした上での自由な校風はその入試問題にも現れます。それは、基本的な事柄はもはや出来ていて当たり前と前提で作問されている感じです。しかし、灘中は非常に良問を出題することでも有名です。扱う紙面が限られていなければ全ての問題を解説したいくらいです（笑）。仮に、灘中を受験する予定のない受験生でも灘中の問題は**触れておくべき良問が揃っています。**

　灘中の入試は、先程の問題で紹介した甲陽学院同様、２日間の厳しい入試になります。その**出題の半分は図形問題**と考えて差し支えありません。そして、かなり厳しい意見になりますが**算数が苦手な受験生では手も足も出ない**でしょう。しかし、それでも合格する受験生はいます。**数論問題**や**速さの問題**などは対策が出来ていれば十分対応可能なレベルまで持っていけます。そして、**図形問題は本書での考え方を学び少なくとも苦手という状況を作らない**ことです。２日目のような重厚な問題を解くことも大事ですが、初日に出題される**一行問題もミスなく確実に得点出来るように**しておくべきです。丁寧な誘導が付いている問題が出題されることもあるので、様々な出題形式の問題を経験しておくのが吉です。やはり、常日頃からの**考える姿勢と問題の条件設定がイメージできる**ことが大切です。合格の目安としては、年によってバラツキはありますが２日間の合計で６ ～ 6.5 割の得点を確保することです。また、これを書いている H31 年度の入試問題は灘中史上最高難易度の入試問題で、強靭な精神力が必要な入試だったのではないでしょうか。

☞ **解説**

以下の図において、正方形 ABCD、正方形 DEFG の対角線を結ぶように補助線を引く。このとき、対角線 AC と対角線 BD の交点を I、辺 DE との交点を J とする。

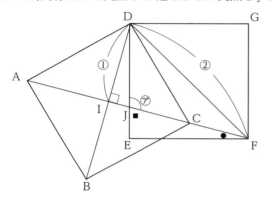

このとき、正方形の対角線の性質より、

　DI：DF ＝ 1：2

となることから、三角形 DFI は三角定規となり、正方形の性質より角 DFE ＝ 45 度となるので、

　　● ＝ 45 － 30

　　　 ＝ 15 度

また、三角形 EFJ は直角三角形なので、

　　■ ＝ 180 －（90 ＋ 15）

　　　 ＝ 75 度

よって、

　　㋐ ＝ 180 － 75

　　　　＝ 105 度 …（答）

→ **図形の性質に基づく補助線を引くように心掛ける。**

　合わせて、正方形の性質も図とともに理解しておくことが大事。

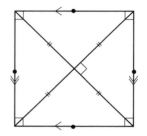

① 4 つの辺と角が等しい
② 対角線の長さが等しく、垂直に交わる
③ 向かい合う 2 組の辺が平行で等しい
④ 向かい合う 2 組の角が等しい
⑤ 対角線は互いに他を 2 等分する

つまり、**平行四辺形、長方形、ひし形の全ての性質を持っている**のが正方形といえる。

→ 三角形の内角・外角の関係を用いて、
　　㋐ ＝ 90 ＋ 15
　　　 ＝ 105 度
　としてもよい

☞**別解　補助線を用いた別解（折り曲げを利用）**

以下の図において、正方形 ABCD、正方形 DEFG の対角線を結ぶように補助線を引く。このとき、対角線 AC と対角線 BD の交点を I、辺 DE との交点を J とする。

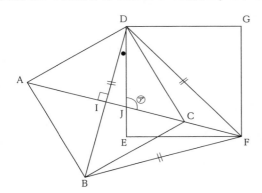

三角形 ADF を辺 AF で折り曲げると、三角形 ABF に重なるので、三角形 ADF と三角形 ABF は合同な図形であることがわかる。以上より、

　　DF ＝ BF …①

また、正方形 ABCD と正方形 DEFG の対角線となることから、

　　DF ＝ DB …②

①、②より、DF ＝ DB ＝ BF となるので三角形 BDF は正三角形となるので、角 BDF ＝ 60 度となることから、

　　●＝角 BDF －角 EDF

　　　＝ 60 － 45

　　　＝ 15

よって、

　　㋐＝ 90 ＋ 15

　　　＝ 105 度 …（答）

→ 折り曲げの問題のルールとして、**合同や相似を発見する**ことが基本となるのだが、それ以外に**折り曲げた後の点を結んだ直線と折り曲げた線は垂直**に交わるというルールがある。

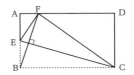

　上の図において、辺 CE で三角形 BCE を折り曲げるとき、B が F と重なったとすると、CE で線対称の関係より **BF と CE は垂直**になる。

→ 正方形の対角線は垂直に交わることから、**辺 AF と辺 BD は垂直に交わる**ので、三角形 ADF と三角形 ABF は折り曲げた関係にあることがいえる。

→ 三段論法の活用

演習問題 2-1　　解答は 147 ページ

　下の図の四角形 ABCD は正方形で、点 O は円の中心であるものとします。辺 AB と辺 EF は平行であるものとして、太線の図形は直線 EF を対称の軸とした線対称な図形とします。このとき、以下の問いに答えなさい。

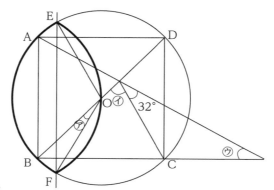

(1)　角⑦を求めなさい。

(2)　角①を求めなさい。

(3)　角⑦を求めなさい。

（女子学院中）

演習問題 2-2　　解答は 149 ページ

　下の図の円の半径は 5cm、四角形の頂点は全て円周を 12 等分する点であるとするとき、この四角形の面積を求めなさい。

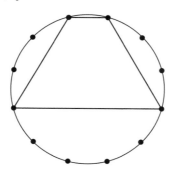

（灘中）

例題3　次の問いに答えなさい。

(1)　右の図1の正七角形において、角 a　**図1**
　　と角 b の大きさを求めなさい。

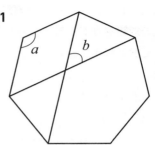

(2)　右の図2の正十一角形において、角 c　**図2**
　　と角 d の大きさを求めなさい。

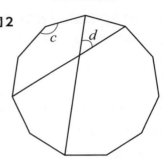

（大阪星光学院中）

★コメント★

　次は円に関する求角問題になります。先程の例題2の解説の際に**円の問題は半径を補助線として引く**というのが一般的なルールであることを説明したと思います。上の様な問題とどういう関連性があるのかと気になる方もいるかもしれません。まず、知っていそうで実は知らなかった正多角形のルールとして、**正多角形は円に内接する**(内接とは円の内側でぴったりと重なるという意味です)というルールを改めて確認しておきます。以下の図で確認してみることにします。

正六角形　　　　　　**正八角形**　　　　　　**正十二角形**

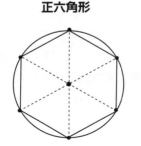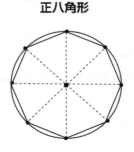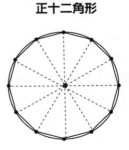

　また、駒場東邦中などでは円に内接する正六角形を定規・コンパスを用いて作図する問題も出題されていますので、**作図問題を出題する学校を受験する受験生は傾向を十分把握した上で対策を立てておく**必要があります。どちらにしても、**正多角形そのものの意味を理解しておくべき**だと言えます。

　また、中学入試には直接関係ありませんが、その理由は『正多角形の重心（中学入試では中心でもよい）は、正多角形の各点から等しい位置にある』となります。これは、円の中心から $\frac{360}{n}$ 度ずつ円周上に点を定めていって結んだものが正 n 角形となるということと同義です。頭の中で是非図をイメージしてみて下さい。

　また、**円の求角問題にはどこにも出ていない特殊な解法**（本書が初出になります）が存在します。例えば、以下の問題について考えてみて下さい。私が考えた問題と頻出問題になります。

問１　下の図のような AB を直径とする円があります。このとき、⑦は何度になりますか。また、その答えになった理由も説明しなさい。

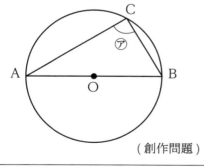

（創作問題）

問２　下の図は円を８等分したものです。①の角の大きさは何度になりますか。

（頻出問題）

　問１に関して、答えは知っている人の方が多いのではないでしょうか。ただ、その答えが成立する理由まで説明出来ないと実力は本物とは言えません。改めていいますが、**図形問題は結果だけではなく、『なぜそうなるのか？』という根本にまで踏み込んだ学習をする**ことが様々な形式の問題に対応出来る本物の実力を付けることになります。それでは、問１の解説からしていくことにします。

☞**解説**

問1

　下の図において、OC を結び、O に向かい延長させた点をDとすると、以下のようになる。

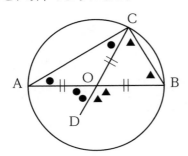

　また、円の半径より OA ＝ OB ＝ OC となるので、三角形 OAC は二等辺三角形なので、角 OCA ＝●とすると、

　　角 OCA ＝角 OAC ＝●

となることから、三角形の内角・外角の関係より、

　　角 AOD ＝ 2 ×●

同様にして、三角形 OBC についても OB ＝ OC の二等辺三角形なので、角 OCB ＝▲とすると、同様にして、

　　角 BOD ＝ 2 ×▲

以上より、角 AOD ＋角 BOD ＝ 180 になることから、

　2 ×●＋ 2 ×▲＝ 180

よって、㋐＝●＋▲＝ 90 度となる。 …（答）

→ 円の問題の補助線は**半径を結ぶ**ことが大切。

→ 点の移動の問題などで、この形は見かけることがあるので、この問題の答えは 90 度になることは知っておきたいところ。

→ 円の半径は全て等しいので、補助線を引くことにより、**二等辺三角形や正三角形の発見**がし易くなる。

　また、この問題の㋐のように、円周上にある角のことを円周角といいます。円周角に関しては以下のことが言えます。下の図1～3の角度を求めてみて下さい。

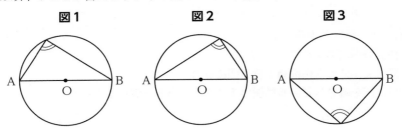

　全て、90度になりますよね。では、前ページの3つの角に共通しているものがあります。それは一体何になるかを考えてみて下さい。この3つの角に共通していることは、角を作る2つの辺の始点が直径の両端にあることです。つまり、この3つは全て**半円を共通して**いることがわかります。

　これだけでは理解しにくいと思うので、以下の図4を見て下さい。問1の問題を少し発展させた形があるとします。

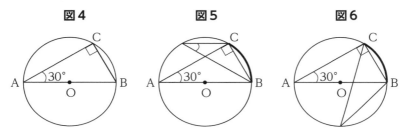

図4　　　　　　　　図5　　　　　　　　図6

　このとき、角CAB＝30度とします。それを踏まえた上で図5～6の角度は何度になるでしょうか。どちらも、30度になることがわかると思います（問1と同様に補助線を引いて考えれば導けます）。つまり、**弧BCは30度の円周角を作る**ことがわかります。これは図の中に何度の円周角を作るのかを書き込んでおくと見易くなります（下図参照）。同様にして、**弧ACは60度の円周角を作る**ということがわかると思います。まとめると、下の図7のようになります。

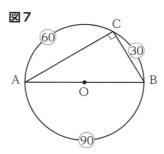

図7

　つまり、円一周で180度の円周角を作ることがわかるのではないでしょうか。

解答の指針　円に関する求角問題
① 正多角形は円に内接をする
② 円一周分で180度の円周角を作る弧になる
☞ つまり、円を等分している問題は1つの弧の作る円周角を求める

この考え方を用いれば以下の問題などは楽に答えが出せると思います。下の問題について、弧の作る円周角に注目して答えを出してみて下さい。

(1)　●は 12 等分する点とする　　　　(2)

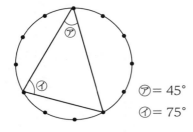

⑦＝ 45°
⑦＝ 75°

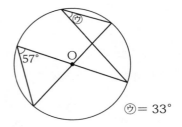

⑦＝ 33°

　円周角に注目することで答えまで導けたでしょうか。問２も同様にして解いていきます。本来ならば半径の補助線を引いて答えを出すのですが、円周角の考え方を用いれば楽に解けます。では、解法を見ていきましょう。

☞**解説**

問２

　下の図のように三角形を作るような補助線を引いて、●と▲を求めると、

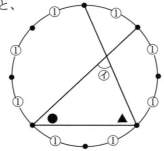

→ **角度の問題は戦略的に考える**
　●、▲の角度を求めることが出来ればよい

●の角度は 8 等分した弧の 2 つ分に当たるので、

⑧＝ 180 度

②＝ 45 度

▲の角度も同様にして、弧 3 つ分に当たることから、

⑧＝ 180 度

③＝ 67.5 度

→ 割合の問題はいちいち 1 に当たる量を求めないように効率よく求めていくように

$\times \frac{1}{4}$ ⑧＝ 180 度　②＝ 45 度 $\times \frac{1}{4}$

以上より、三角形の内角の和に注目して、

　　⑦ = 180 − (45 + 67.5)

　　　= 67.5 度 … (答)

☞**別解**

　また、円一周が⑧ = 180 となることを利用して、以下のように答えを出すことも出来ます。

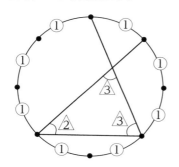

よって、

　　⑧ = 180 度

　　③ = 67.5 度 … (答)

→ 割合で考えやすくするために、弧の部分に割合を書き入れることにより見易くする。

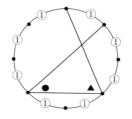

　このとき、● = ②、▲ = ③ となり、⑦ = ③ となる。
（円一周が、⑧ = 180° となることを利用する）

　このように、一般に出回っている解法は補助線を引いた上で角度を考えていく必要がある問題だとしても、円周角に注目することで補助線を引く必要がないことがわかったと思います。その上で例題の解法について考えていきます。

　大阪星光学院は大阪府随一の男子校で、カトリック系ミッションスクールとしても有名です。その教育理念は ASSISTENZA(アッシステンツァ：イタリア語) です。これは直訳すると『援助、支援、世話、救済』などと訳し、転じて『ともにいること』という解釈をしています。つまり、教員は生徒とともにいながら必要な時に彼らを援助するということで、教員と生徒・保護者間で多くの接点を持つことも特徴です。

　数学科の教育方針は『考え方がわかっていたらできるよう』になるという方針で、それが色濃く現れているのが、令和２年度からの出題傾向を大問１に限り、途中式を記述させる形式に変更するとの発表です。これは、問題の本質を理解しているにも関わらず、計算間違えなどのケアレスミスによって失点をしてしまう受験生への配慮です。本質を理解し

ている受験生の入学を望んでいる学校の姿勢が色濃く現れているのではないでしょうか。

　中学入試における**典型的な標準問題で構成**されている入試問題になりますが、難易度の高い問題が出題されることもあります。その問題の見極め、**得点可能な問題を確実に取ることと複雑な計算問題に対応出来る計算力**を付けることが合格を勝ち取るのに必要です。その上で7.5～8割の得点を確保したいところです。出題される問題ははっきりしている入試問題ということもあり、**還元算、数論問題、速さに関する問題、図形の求角問題・求積問題、立体図形、場合の数**などの中学入試における典型問題を一通り仕上げることです。その上で、図形問題は複雑な設定や立体図形の形を変える問題などの出題もありますので、**図形問題に関しては答えに到るまでに丁寧な作図をして答えを求める練習**をしておくことは必須です。他校で出題された問題との類題も数多く出題されていますので、他校の入試問題なども演習する機会などがあれば積極的に取り組んだ方がいいでしょう。

☞**解説**

(1)

　正七角形は円に内接する図形なので、円に内接させる図を作図すると以下のようになる。

→ **正多角形は円に内接すること**を利用して図を書き変える

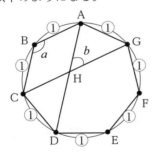

　よって、円一周に対する円周角は180度になることより、角 a の大きさは、

→ この問題の図の様に、弧の部分に割合を書き込んでいくと考え易い

　　⑦＝180度

　　⑤＝ $\dfrac{900}{7}$ 度

　　　＝ $128\dfrac{4}{7}$ 度 … （答）

角 b について、三角形 AGH の内角の和に注目して、

⑦＝ 180 度

②＝ $\dfrac{360}{7}$ 度

$\quad = 51\dfrac{3}{7}$ 度 … （答）

→ 1つ1つの角度を求める方法でも良いが、ここでは三角形の内角の和を⑦とおいて割合で求める方法を用いている。

(2)

正十一角形は円に内接する図形なので、円に内接させると以下のようになる。

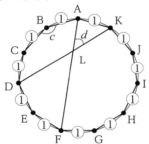

よって、円一周に対する円周角は 180 度になることより、角 c の大きさは、

⑪＝ 180 度

⑨＝ $\dfrac{1620}{11}$ 度

$\quad = 147\dfrac{3}{11}$ 度 … （答）

角 d について、三角形 AKL の内角の和に注目して、

⑪＝ 180 度

③＝ $\dfrac{540}{11}$ 度

$\quad = 51\dfrac{3}{11}$ 度 … （答）

→ この問題の図の様に、弧の部分に割合を書き込んでいくと考え易い。

→ (1)と同様にして、三角形の内角の和に注目して求めている。

演習問題 3-1 　　解答は 150 ページ

　下の図の直線 AB は円の直径で、●は上の半円の円周を 6 等分する点で、○は下の半円の円周を 5 等分する点です。このとき、㋐の角度の大きさは何度ですか。

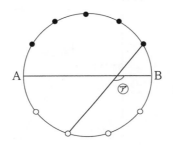

（広島学院中）

演習問題 3-2 　　解答は 153 ページ

　下の図において、●印は円周上に等間隔に取った 7 つの点とするとき、色が塗られている角を全て加えたときの角度の和を求めなさい。

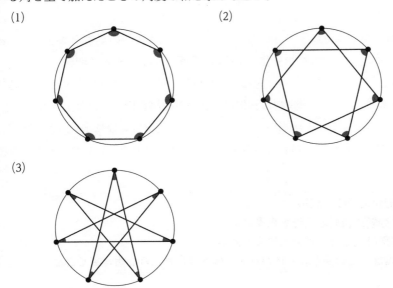

（早稲田大学高等学院中学部・改題）

例題 4　図 1 のように平らにたたんだ折り紙を広げると図 2 のようになりました。このとき、㋐と㋑の角度をそれぞれ求めなさい。

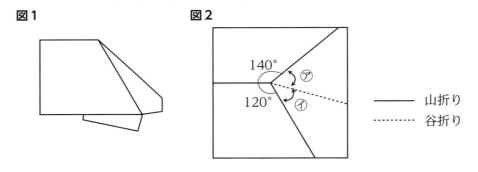

図 1　　　　　　　　図 2

140°

120°

㋐

㋑

―――― 山折り

‑‑‑‑‑‑‑‑ 谷折り

（麻布中）

★コメント★

　まずは問題に取り組んでみて下さい。どうでしょうか？　答えまで上手く辿り着いた方はごく少数なのではないかと思います。折り曲げ問題で、**辺の長さから合同・相似を見つけて解く**問題は一度は経験があると思います。つまり、折り曲げの図形と相似を利用した典型問題に対しては対応力があると言えるでしょう。しかし、この問題のように図形の折り曲げの求角問題はかなり難易度が高いものが多く、入試本番での正答率は低いものとなっています。その理由としては、**折り曲げた図形を復元**する必要がある問題が多いこと。要するに、折り曲げた図形を開くという**図形のイメージ**を持つことです。その上で**作図**をしていく必要があります。特に、**難関校は図形のイメージを重要視**しているのも事実です。つまり、難関校になればなるほど図形の折り曲げ問題は頻出分野になります。この図形を復元させるという作業は難関校合格者でも難儀なことで例年苦戦をしいられる分野と言えます。

解答の指針　図形の折り曲げ問題
① 折り曲げる問題は合同と相似を発見する
② 折り曲げ問題は元に戻していく作業も大切
☞復元させる際は、どの点が移ったのかを把握するために点を必ず書くこと

　まずは折り曲げの典型問題の解法を確認してみましょう。右ページの問題を解いてみて下さい。まずは合同や相似を利用した問題から見ていくことにします。

問1　下の図のような長方形の紙があります。辺 AB 上に点 E をとり、CE を折り目にして折ると、点 B はちょうど辺 AD 上に重なりました。この点を F とすると、AF の長さは 2cm になりました。このとき、BE の長さを求めなさい。

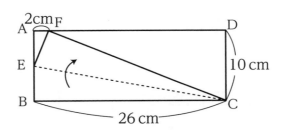

　長方形の紙を折り曲げる問題ですが、様々なエッセンスが入っている非常に学習効果の高い問題です。**折り曲げの問題は合同や相似を見つけることが大切**で、この場合は**三角形 BCE と三角形 FCE が折り曲げた前と後の関係より合同な三角形**ということがわかります。同様にして、**直角をはさんだ三角形 AEF と三角形 DFC は相似**ということもわかります。合同、相似は折り曲げ問題で真っ先にチェックするべきことです。補足になりますが、この折り曲げを利用した辺の比の問題は全ての辺に長さが整数になる**ピタゴラス数と相性が極めて良い**です。何故、成立するのかは 220 ページを参照して下さい。

☞解説

問1

　等しい角度に印を付けて、相似な図形を探していくと、

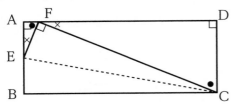

→ 図形問題では**等しい辺や角に印を付ける**ことを心掛ける。

→ 三角形の相似条件は全部で 3 つあるが、**2 角がそれぞれ等しい**という条件だけ知っていれば十分対応可能。

前ページの図より、三角形 DFC の辺の比について、

辺 CD：辺 FD ＝ 10 cm：24 cm

= 5：12

また、三角形 AEF と三角形 DFC は相似な図形なので、辺の比は等しいことから、

辺 FA：辺 EA ＝辺 CD：辺 FD

= 5：12

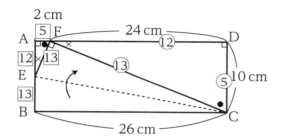

三角形 BCE と三角形 FCE は合同な三角形なので、辺 BE と辺 FC の長さが等しいので、

㉕＝ 10 cm

⑬＝ $5\dfrac{2}{5}$ cm … （答）

この問題で扱っている**ピタゴラス数**というのは、中学生で扱う三平方の定理（右図）を元にしています。そこから派生したものが、ピタゴラス数と呼ばれるもので全ての辺の長さが整数になる直角三角形のことです。代表的なものとして、**3：4：5 の三角形**、**5：12：13 の三角形**になります。知っておくと複雑な手順を行わず答えに辿り着くこともあり便利です。他にも 2 つ紹介していますが、ごく稀にしか出題されませんので、聞いたことがある程度にとどめておいても差し支えないでしょう。次に折り曲げによる求角問題について見ていきます。

→ 相似条件を用いても良いが、代表的な相似形は覚えておくこと。その上で図中から探していく方が効率は良い。

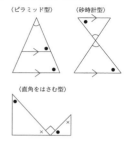

→ 辺の比などの**わかったものは必ず図に書き込む習慣**をつけること。

→ ここではピタゴラス数が登場している。代表的なものとして以下のものを押さえておく。

3：4：5
5：12：13
8：15：17
7：24：25

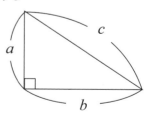

★三平方の定理★

以下の図において、次の式が成立する

$$a^2 + b^2 = c^2$$

という式が成立する。
詳しくは 220 ページを参照。

問2　中心角が90度のおうぎ形の紙を、下の図のように折って重ねました。このとき、⑦の角度を求めなさい。

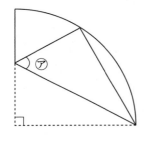

（洛南高等学校附属中）

問3　下の図の三角形 ABC の紙を DE を折り目として折ると、点 A が辺 BC 上の点 F になりました。次に、DF を折り目として折ると、点 B が辺 AC 上の点 E になりました。このとき、⑦の角度を求めなさい。

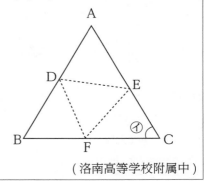

（洛南高等学校附属中）

　先程は折り曲げによる辺の長さを求める問題について扱いましたが、次は折り曲げによる求角問題になります。この問題は例題とは異なり、**補助線のルールなどを押さえて解けば解ける問題**だと言えます。問2に関してはよく見る形の問題なので、これは楽に解答しないといけません。

　中学入試での折り曲げによる求角問題は、問3に代表されるように、折り曲げる前の図形と後の図形などが点線で与えられている形で出題されるのが一般的な出題形式と言えます。そこから**合同や相似を見つけて解いていく**のが通常の解法になります。これは全受験生の皆さんに身に付けて欲しい方法です。では、折り曲げ問題の難問とはどういうものなのか？　それは、例題4のような**折り曲げた図形が与えられていない問題**になります。故に、そのような問題の切り口は、**元の形を復元する**ことになります。つまり、例題4の問題にも、元の形に上手く復元していく作業が攻略のカギになるわけです。算数の問題は、受験勉強をしてきた中で一度は経験したことあるような問題が毎年繰り返し出題されています。見たことない形が出題されても焦らず、解いたことのある形に直して解けばいいのです。

☞**解説**

問2

　下の図のように、円の中心 O と点 A ～ D を定めて、点 C と円の中心 O を結ぶと以下の図のようになる。

→ 円の補助線は**半径を結ぶこと**が基本。

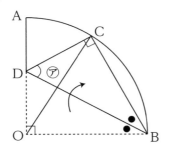

　折り曲げた図形より、三角形 ODB と三角形 CDB は合同な三角形となるので、

　　角 OBD ＝角 CBD

　また、補助線 OC は円の半径なので、三角形 OBC は正三角形となり、角 OBC ＝ 60 度となるので、

　　角 OBD ＝角 CBD ＝ 30 度

　以上より、三角形 BCD の内角の和より、

　　⑦＝ 180 －（90 ＋ 30）

　　　＝ 60 度 … （答）

→ 折り曲げの問題は**合同・相似を発見する**ことが大切。

☞**解説**

問3

　折り曲げた図形は合同になることから、それを図に書き入れると以下のようになる。

→ 折り曲げの問題は**合同・相似を発見する**ことが大切。
ここでは、
三角形 ADE と三角形 FDE
三角形 BDF と三角形 EDF
が合同な三角形となるので、対応する辺や角に印を付ける。

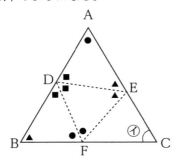

左ページ下の図より、三角形 ADE と三角形 FDE は合同な三角形となるので、

　　角 DAE ＝角 DFE　　…①（これを●とする）

　　角 ADE ＝角 FDE　　…②

同様にして、三角形 BDF と三角形 EDF についても同様のことがいえるので、

　　角 BDF ＝角 EDF　　…③

　　角 DBF ＝角 DEF　　…④（これを▲とする）

②、③より、

　　角 ADE ＝角 FDE ＝角 BDF　　…⑤

→ ここでは、
　　　A ＝ B、B ＝ C
　であることから、
　　　A ＝ C
　を導く三段論法を用いている。

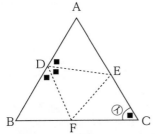

また、角 ADE ＝■とする場合、三角形 DEF の内角の大きさは●、▲と定めていることから、図に書き入れると上の図のようになる。

　図よりもわかるが、角 ECF ＝■とすると三角形 ABC の内角が●、▲、■の３つになる。また、①、④より、三角形 DEF の内角についても、●、▲となるので、

　　㋑＝角 EDF ＝■　　…⑥

となる。

　故に、⑤、⑥より、

　　角 ADE ＝角 FDE ＝角 BDF ＝■

となるので、角 ADE ＋角 FDE ＋角 BDF ＝ 180 となるので、

　　㋑＝ 180 ÷ 3

　　　＝ 60 度 …（答）

→ やや複雑な図形で構成されている問題です。折り曲げの問題は、**合同・相似な三角形の発見**をすることが大切です。**角度の問題は戦略的に考えていく**よう留意して問題を解いていきましょう。

以上で、折り曲げによる合同・相似を利用した問題、折り曲げによる求角問題について扱いました。次に折り曲げを復元する問題について考えていきたいと思います、以下の問題について、考えてみて下さい。

問4　図の方眼紙の中に書かれた図1のような正方形の紙と図2のような長方形の紙を切り取り、それぞれぴったり重ねて2つ折りにします。合計3回2つ折りに繰り返すと、図の3のような三角形を作ることが出来ます。

　　この図1、図2以外に、ぴったり重ねて2つに折ることを3回繰り返すと、図3ができる紙の形を2種類答えなさい。答えは解答用紙の方眼に1つずつ直定規を用いて、丁寧に書き入れなさい。（解答欄は省略）

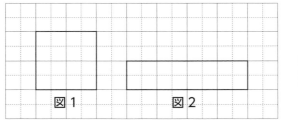

図1　　　　　図2　　　　　図3

（筑波大学附属中）

3回折って完成した形なのですが、頭の中で図形を開いていくのではなくて、1つ1つ丁寧に作図をしていく必要があります。その手順を見ていきましょう。

☞解説

問4

図3の直角二等辺三角形を図1のような正方形に復元すると以下のようになる。

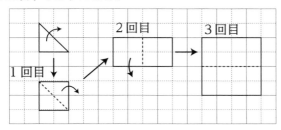

→ ある程度、求める形を推測しておくことが大切です。図1の正方形を2つ折ると以下のようになる。

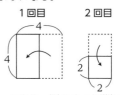

つまり、図3を1回開いて上の図のようにすればよい。

図３の直角二等辺三角形を図２のような長方形に復元するときも、図１と同様にして、

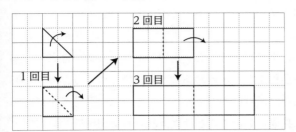

上の２つの図に関しては、図３の直角二等辺三角形を対角線の方向に開いたが、今後は対角線以外の線で折ればよいので、それを２通り考えればよいので、

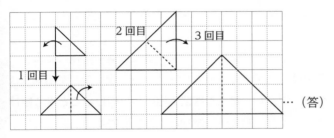

… （答）

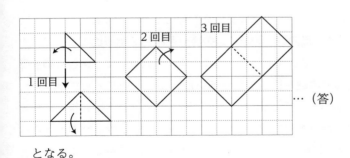

… （答）

となる。

→ ある程度、求める形を推測しておくことが大切です。図１の正方形を２回折ると以下のようになる。

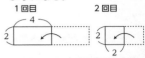

　ここでは、図２の場合と最後の手順が異なるだけとなる。

→ 先程は、正方形の対角線で折り曲げたので以下の図のようになったが、

　今度は二等辺三角形の辺で折り曲げるようにすると以下のように考え方が変わる。
　また、その開き方も以下の２通りが考えられるので、考えられる全ての場合について書き出していくこと。

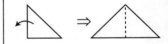

　上の問題を解いてみて折り曲げ問題に対する考え方は概ね理解出来たのではないでしょうか。それでは、実際に例題を見ていきましょう。この問題は図形の復元というよりも**図形の構成**をわかっている方が大切です。しかし、その根底にあるのは、図形を正しくイメージすることが出来るかということになります。

　今回の例題の出題元である麻布中についてのお話をさせて下さい。東京男子御三家（他の学校は開成、駒場東邦）の一角で近年の東大合格者数も 100 名近くを輩出することより、その学校の実力を疑う必要もない名門男子校です。自由な校風であることが知られています。

　その入試問題も特徴的で国語では一万字を超える長文を出題したり、算数では単純に答えを出すだけではなくその答えに到る過程までも採点対象になります。つまり、仮に解答を間違えてしまったとしても、その問題の切り口や考え方があっていれば部分点を得点することが出来ます。そして、**全科目に共通していることは大人顔負けの思考回路の有無**です。これは理科や社会でも同様な考えで作成されています。麻布中は、**自分で考えたことを表現できる能力**を持っている受験生の入学を望んでいるということの裏付けに他なりません。ですから、受験生の知的好奇心を刺激するような難問が出題されるのも至極当然と言えます。このような麻布の姿勢は、入学してからの授業や定期試験にも当然取り入れられています。

　では、このような傾向の麻布中の算数の入試問題は、一見すると難解な問題に見えると思いますが、**丁寧な誘導が付いている**ことが多く、その誘導に上手く乗ることが出来ればそこまでの難易度ではなくなります。つまり、**考える習慣を日頃から付けることを心掛けることが合否を左右する**といえます。これは**過去問演習などで慣れておく**ことが必須になるでしょう。この本で常に訴えている図形のイメージをすることや図形の本質を理解することが出来て麻布を受験する最低ラインの状態になったと考えるべきでしょう。その上で、頻出分野である**図形の求積問題や求度問題、図形の辺の比や面積比・相似比**などの演習を行います。これは本書の考え方が出来れば十分対応出来ます。それ以外に、**速さに関する問題、数論問題（条件整理と場合の数が絡む問題が多い）**の 2 つに関しても頻出単元になりますので、典型問題を習得した上で難問にもチャレンジしていくことで合格点に到達することが出来ると思います。得点の目安は 6 割くらいで十分でしょう。差を付けるべき単元は**図形問題**で、標準内容〜発展内容までが出題されます。図形の強化を徹底的に行うようにして下さい。

　先程の話に戻りますが、丁寧な誘導があると言いました。つまり、良く読むとこれらの単元の問題では、**一度は経験したことのある問題が形を変えて出題**されていることを見抜くことが出来れば、合格は目前です。人によっては解答欄が狭いと感じる受験生もいるかもしれません。十分な過去問演習や対策を施して本番を迎えて下さい。

☞**解説**

図2の正方形 ABCD を HI、FI で山折りにし、IG で谷折りにしたので、以下のようになる。

図2

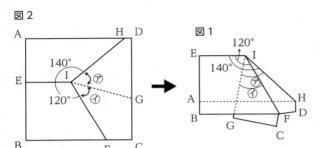

図2より、Iを一周した角度に注目して、

$$140 + 120 + ⑦ + ① = 360$$
$$⑦ + ① = 100 度$$

また、上の図1より

$$⑦ - ① = 140 - 120$$
$$= 20 度$$

以上より、⑦と①は和が100度、差が20度になるので和差算を用いて、

$$⑦ = (100 + 20) ÷ 2$$
$$= 60 度 … （答）$$
$$① = 40 度 … （答）$$

→ 図2を折り曲げると、図1になることから、図1の中に図2の点を書き入れるように復元する。その際に、**必ずどの点が移動したのかを把握するために移動先にも点を書く**こと。その上で、角度を書き入れていく。

→ 図形の構成を考えると、IFの位置が変化していないこと。更に、IGは谷折りで折っていることなどから図形をイメージする。

→ 和差算は線分図を用いないで、計算で求められるようにして時間の短縮を。
　大きい数＝（和＋差）÷2
　小さい数＝（和－差）÷2
で求められる。線分図を書いて理由を考えてみよう。

演習問題 4-1　　解答は 156 ページ

図1のような三角形の紙を2回折って、図3のような図形を作りました。このとき、⑦の角度の大きさを求めなさい。

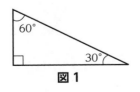

図1

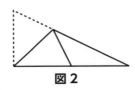

図2

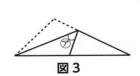

図3

（早稲田中）

演習問題 *4-2*　　解答は 158 ページ

下の図のような三角形 ABC があります。図 1 は、A と C が、B と重なるように折ったもので、図 2 は C が A に重なるように折ったものです。このとき、㋐、㋑の角度の大きさは何度ですか。

図 1

図 2

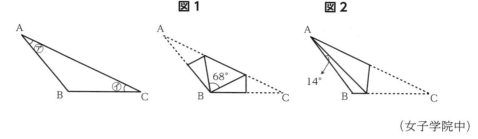

（女子学院中）

演習問題 *4-3*　　解答は 159 ページ

右の図のように、長方形 ABCD を直線 EF を折り目として折ると、頂点 B が頂点 D に重なりました。三角形 CDF の面積は、長方形 ABCD の $\frac{1}{6}$ です。このとき、以下の問いに答えなさい。

(1)　右の図で、直線 BF と長さが等しい直線を全て答えなさい。

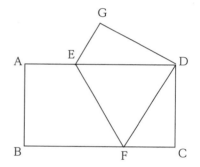

(2)　長方形 ABCD の周りの長さと五角形 GEFCD の周りの長さの差は、辺 BC の長さの何倍ですか。

(3)　直線 GF と直線 AD が交わってできる点を H とします。三角形 GHD の面積は、長方形 ABCD の面積の何倍になりますか。

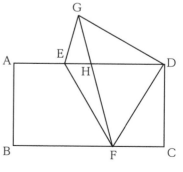

（フェリス女学院中）

例題5　下の図にようように、半径 6cm の円周上に 4 点 A、B、C、D があります。また、AB と CD は長さが等しく平行な辺とします。ことのき、斜線部分 2 か所の周りの長さの和が白い部分の周りの長さより、円周の $\frac{2}{3}$ だけ長いとき、斜線部分の面積の和を求めなさい。ただし、円周率は 3.14 とします。

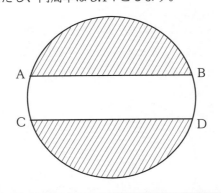

（開成中）

★コメント★

　東大合格者数日本一の開成中の入試問題の登場です。問題を見てみると、ここでは辺 AB と辺 CD の存在が厄介だと感じる方も多いと思います。しかし、これは問題の条件により**打ち消されてしまうので気にしなくても問題なさそうです。つまり注目するのはおうぎ形の弧の部分のみ**ということになります。そして、この問題は図形の求積問題の一種ですから、次に必要なのはおうぎ形の中心角になります。この問題は開成中の出題ですが、この問題は大問 1 での出題になります。つまり、難関校受験生である皆さんはこの問題の正解は必須と言えます。開成中で出題されたその他の大問の求積問題に関しては、この次の例題 7 で扱っていきたいと思います。それでは、早速問題の解説にうつりたいのですが、その前に難関校での面積の出題のパターンについてまとめておきます。

　主に難関校で出題される主な図形の求積問題は以下の通りになります。

解答の指針　図形の求積問題の出題パターン

① **30 度定規を利用した問題** ☞**各学校で必須項目**

② **半径×半径に注目して解いていく問題** ☞**そこに当たる部分の作図は必須**

③ **等積変形を利用した問題** ☞**等積変形は平行線が仮定として与えられている**

④ **図形の分割や作図を利用した問題**

　前ページのポイントで紹介した方法以外にも求積問題の出題方法はありますが、例外的なものと捉えておいて下さい。では、ポイントで紹介した解法は、実際にどのような形で出題されているのかを見ていきましょう。その上で参考程度に、こういう条件が出てきたらこのように対処していくなどの具体的な手法についてお話していきます。

　問1　下の図において、点 X、Y はそれぞれ円 A、B の中心とします。円 B の半径が
　　　 4cm で、角 X の大きさが 60 度とするとき、円 A の面積を求めなさい。ただし、
　　　 円 A の半径は 4cm より大きいものとします。また、円周率は 3.14 とします。

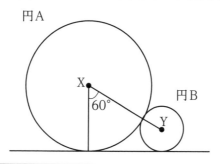

（開成中）

　明らかに補助線が必要なことはわかると思います (笑)。ただし、以前に説明しているような円の問題は半径を結ぶという補助線のルールではこの問題はかなり厳しいと言えます。そこでこの問題の目の付け所になります。通常、図形の求積問題では角度などは必要なく求めていたはずです。しかし、この問題には 60 度という角度の条件を最初に与えられている所に違和感があると思って下さい。**問題出題者は出ている作問している段階で無駄な条件は入れない**のが一般的です。つまり、それは解答するために必要なものなのです。ですから、算数の問題は与えられている条件は全て使って解いていくというスタイルで問題に臨んで下さい。**問題を解いていて行き詰まったときは、まだ使っていない条件がないかどうかを確認する習慣を**付けていくことは難問を解く際に必ず意識して欲しいところになります。

解答のテクニック　図形の求積問題①
図形の求積問題において、角度の条件が出ている場合
☞ **30 度定規（三角定規）の可能性を疑うことが極めて大切になる**

☞**解説**

2つの円の接線をCDとして、円A、Bとの接点をそれぞれE、Fとする。また、円Bの中心Yより、円Aの半径XEに垂線を引き、その交点をGとすると、以下のようになる。

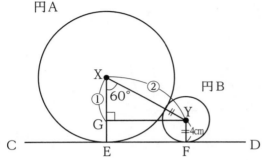

円A

円B

上の図において、三角形XYGは三角定規(30度定規)となるので、

XY：XG = 2：1

となる。また、円Bの半径が4cmとなるので、XY =②、XG =①としたときの差が4cmとなることから、円Aの半径を①+ 4とすると

②=①+ 4 + 4

①= 8cm

よって、円Aの半径は4 + 8 = 12cmとなるので、

12 × 12 × 3.14 = 144 × 3.14

　　　　　　　= 452.16 cm^2 …（答）

このように、図形の求積問題において、**角度の条件(ヒント)が与えられている場合は三角定規を適度な場所に作図して、2：1という辺の比を利用して面積を求めていくと**いう方法が一般的になります。与えられている条件はフル活用して下さいね。

→ 円の中心から、接線を引いた際は必ず垂直に交わる。

　これに関しては、中学入試の段階では説明が出来ない。覚えておくしかない。

→ 三角定規(30度定規)の辺の比は以下の通り。絶対に忘れてはならない。

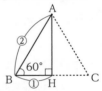

AB：BH = 2：1

→ 円周率の計算の際、3.14のかけ算は計算の途中では絶対にやらないこと。

解答の指針　算数の問題の基本姿勢
　算数の問題は与えられている条件(ヒント)は全て用いて解くのが普通
　☞**どうしても解けない場合は、条件の見落としの可能性も考えること**

問2　下の図は対角線の長さが 10cm の正方形と、正方形の対角線を直径とする円と、正方形の一辺を直径とする半円2つを組み合わせたものです。このとき、斜線部分の面積を求めなさい。ただし、円周率は 3.14 とします。

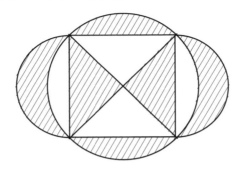

(雙葉中)

　いままで、塾や家庭教師はもちろんのこと、過去問研究やテキスト作成・模試作成などで様々な学校の入試問題を解く機会がありました。その際に感じたことですが、このような問題は全国でも主に女子校で好んで出題されるような形式の問題であるイメージが強いです。ですから、女子校志望の受験生の皆さんはこの手のタイプの問題は確実に押さえておいて下さい。

　また、この問題は問題を見た瞬間にそのまま答えを出すのは少ししんどいなと思うはずです。つまり、**面積を動かして楽な形に変形をして解いていく**のが一般的だという解答の方針がすぐに頭の中に浮かんでくるようにして下さい。

☞解説

　図のように面積を移動させると、下の図のようになる。

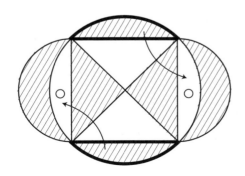

→ このように面積を移動する問題は若干の慣れが必要だが、瞬時に移動出来るようにしたい。正直、このような問題に時間をあまり掛けたくないのが本音。

以上より、求めるものは半円 2 つと正方形の半分となる。また、半円には半径がないので半径×半径に当たる部分を作図すると以下の通りになり、

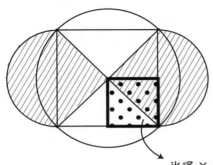

半径 × 半径に相当

$$10 \times 10 \times \frac{1}{2} \times \frac{1}{2} + \frac{25}{2} \times 3.14 \times \frac{1}{2} \times 2$$

$$= 25 + \frac{25}{2} \times 3.14$$

$$= 64.25 \, \text{cm}^2 \cdots （答）$$

☞**別解**

ヒポクラテスの三日月を用いて移動すると、以下の図のようになる。

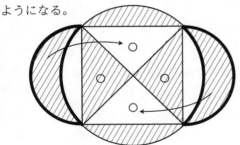

よって、求める部分の面積は正方形とレンズ型の半分が 2 つ分の面積の和となり、

$$10 \times 10 \times \frac{1}{2} \times \frac{1}{2} + \frac{25}{2} \times 3.14 \times \frac{1}{2} \times 2$$

$$= 25 + \frac{25}{2} \times 3.14$$

$$= 64.25 \, \text{cm}^2 \cdots （答）$$

→　半径が実際に出ていないものに関しては、半径×半径に当たるものを代替え的に出していく必要がある。頭の中で考えるのではなくて、必ず**作図をして目で見えるようにすること**が極めて大事。

半径×半径は、左図の太線で囲まれた部分と同じになるので

$$10 \times 10 \times \frac{1}{2} \times \frac{1}{4} = \frac{25}{2}$$

となる。

→　$\frac{25}{2} \times 3.14$ の計算について、いきなり筆算をするのではなくて、$25 \times 3.14 = 78.5$ を 2 で割る方が安全に計算出来る。

→　ヒポクラテスの三日月とは、以下のような図において、斜線部分の面積が円に内接する直角三角形と同じになるもののこと。

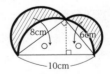

よって、面積は

$$6 \times 8 \times \frac{1}{2} = 24 \, \text{cm}^2$$

→　これは、正方形とレンズ型の半分が 2 つ分の面積の和になるが、視点を変えると大きな半円と正方形の半分の面積と同じである。

問3　下の図のような長方形 ABCD があります。辺 BC、CD 上にそれぞれ点 E、F があり、点 F は辺 CD の真ん中の点、BE と EC の長さの比が 2：3 となるとき、次の問いに答えなさい。

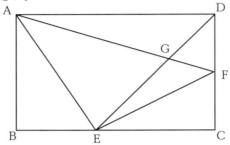

(1)　三角形 AED と三角形 DEF の面積比を求めなさい。

(2)　三角形 EFG の面積が $6\,\mathrm{cm}^2$ のとき、長方形 ABCD の面積を求めなさい。

（ラ・サール中・改題）

この問題に代表される平行四辺形 (長方形も平行四辺形の一種である) の辺の比や面積比を求める問題は、出題された場合は絶対に落とせない問題です。過去に出題されている問題を見てもそこまで難問が出題されるケースは稀で、基本的には得点出来るように調整されていることが普通です。このタイプの問題が苦手な受験生は、絶対に失点をしないように訓練をしておく必要があります。今回は等積変形をテーマとして扱いますが、相似に注目した解法も別解として紹介しますので、解法のテクニックをしっかり学んで下さい。

平行四辺形の辺の比や面積比を求める問題は、**まず代表的な相似型を探す**ようにします。その上で、辺の比を求めた後で、**等高三角形を見つけて面積比を求める**のが王道の求め方になります。なお、面積比を求める際には逆算で求めていく手法がいいでしょう。これは、求め方を知っていても何でそのような式になるのかを意外と知らない人が多いです。常々言っていることですが、**自分の立てた式の意味まで理解して初めてその問題が理解出来ている**と言えます。わからない問題などの解説から理解する場合は何でその式を立てたのかを理解することが成績アップの近道です。是非、実践して下さい。これは他の科目でも同じだと考えています。

☞**解説**

(1)

　長方形 ABCD の対角線 AC を結んで考えると、

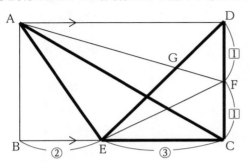

　このとき、三角形 ABE と三角形 ACE は等高三角形になることより、

　　三角形 ABE : 三角形 ACE = 2 : 3

　また、三角形 ADE は長方形 ABCD の $\frac{1}{2}$ に当たるので、

　　三角形 ADE : 三角形 ACE = 5 : 3

　さらに、辺 AD と辺 BC が平行であることから、三角形 ACE と三角形 CED の面積は等しいので、

　　三角形 ADE : 三角形 CED = 5 : 3

　次に、三角形 ECF と三角形 EDF においても等高三角形になるので、

　　三角形 ECF : 三角形 EDF = 1 : 1

　以上より、三角形 ECF ＋三角形 EDF ＝三角形 ECD となるので、

　　三角形 AED : 三角形 DEF 　= $5 : 3 \times \frac{1}{2}$

　　　　　　　　　　　　　　= 10 : 3 … （答）

→ **等高三角形**とは、以下のような高さの等しい三角形のこと

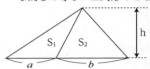

$$S_1 : S_2 = a \times h \times \frac{1}{2} : b \times h \times \frac{1}{2}$$
$$= a : b$$

が成立する

→ 三角形 ABE と三角形 ACE の和が、三角形 ADE になることよりいえる

→ ここでは**等積変形**を利用している。以下の図において、

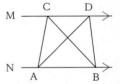

　直線 M と直線 N が平行ならば、底辺と高さが等しいので、
三角形 ABC ＝三角形 ABD
が成立する。

→ このように、図形問題においては**代表的な型を探す**という意識で取り組むとよい

(2)

　下の図において、題意より BE：EC ＝ 2：3、CF：FD ＝ 1：1 となるので、

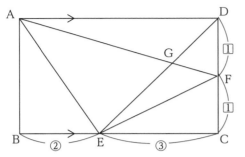

　三角形 AEF と三角形 AFD の面積比は、

$$三角形 AEF：三角形 AFD ＝ 4：\frac{5}{2}$$
$$＝ 8：5$$

　また、三角形 AEF と三角形 AFD は辺 AF を底辺として共有している三角形なので、

$$EG：GD ＝ 8：5$$

となるので、三角形 EFG：三角形 DFG ＝ 8：5 となることより、三角形 EFD の面積は、

$$⑧＝ 6\,\text{cm}^2$$
$$⑬＝ 9\frac{3}{4}\,\text{cm}^2$$

　同様にして、三角形 EFC：三角形 EFD ＝ 1：1 となることから、三角形 CDE の面積は、

$$①＝ 9\frac{3}{4}\,\text{cm}^2$$
$$②＝ 19\frac{1}{2}\,\text{cm}^2$$

　よって、(1) より長方形 ABCD：三角形 ECD の面積比が 10：3 であることから、

$$③＝ 19\frac{1}{2}\,\text{cm}^2$$
$$⑩＝ 65\,\text{cm}^2 \cdots（答）$$

→ ここでは、BE ＝②、EC ＝③、CF ＝①、FD ＝①として実際に面積を求めている。

$$長方形 ABCD ＝ ⑤×②$$
$$＝ 10$$
$$三角形 ABE ＝ ②×②×\frac{1}{2}$$
$$＝ 2$$
$$三角形 AFD ＝ ⑤×①×\frac{1}{2}$$
$$＝ \frac{5}{2}$$
$$三角形 CEF ＝ ③×①×\frac{1}{2}$$
$$＝ \frac{3}{2}$$
$$三角形 AEF ＝ 10-2-\frac{5}{2}-\frac{3}{2}$$
$$＝ 4$$

→ 等高三角形とは、高さの等しい三角形のことであったが、底辺が等しいという反対の性質を持つ以下のような図形に注目している。

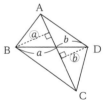

　三角形 ABC ＝ S_1、三角形 ACD ＝ S_2 とすると、
$$S_1：S_2 ＝ a：b$$
が成立する。
（相似な図形を利用）

→ この問題のように、算数の問題は**前問の結果を利用して、次の問題の答えを出すという出題パターンが極めて多い**ので、若い番号の問題は慎重に確実に正解する必要がある。

☞**別解**

与えられている比を書き入れると、以下の図のようになる。

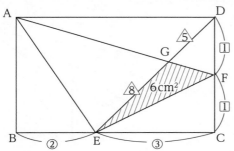

→ 先程の解説は等積変形を用いてテクニカルに解くような感じであったが、今度は相似な図形を用いて解いていく方法で進めていくことにする。

(1)

　　三角形 AED は長方形 ABCD の半分なので、

　　　三角形 AED $= \dfrac{1}{2} \times$長方形 ABCD

　　三角形 DEF の長方形 ABCD 全体に対する割合は、

　　　三角形 DEF $= \dfrac{1}{2} \times \dfrac{3}{5} \times \dfrac{1}{2} \times$長方形 ABCD

　　　　　　　　$= \dfrac{3}{20} \times$長方形 ABCD

　　以上より、

　　　三角形 AED：三角形 DEF $= \dfrac{1}{2} : \dfrac{3}{20}$

　　　　　　　　　　　　　　　$= 10 : 3$ …（答）

→ これは等高三角形に注目して、次のようにして考えている。
　① 三角形 DEF の面積は三角形 CDE の $\dfrac{1}{2}$ となる。
　② 三角形 CDE の面積は三角形 BCD の $\dfrac{3}{5}$ となる。
　③ 三角形 BCD の面積は全体（長方形 ABCD）の $\dfrac{1}{2}$ となる。

(2)

　　三角形 AEF：三角形 AFD $= 8 : 5$ より、

　　　EG：GD $= 8 : 5$

　　三角形 EFG の長方形 ABCD 全体に対する割合は、

　　　三角形 DEF $\quad = \dfrac{8}{13} \times \dfrac{1}{2} \times \dfrac{3}{10} \times$長方形 ABCD

　　　　　　　　　$= \dfrac{6}{65} \times$長方形 ABCD

となるので、三角形 EFG：長方形 ABCD $= 6 : 65$ となることから、

　　　⑥$= 6\,\mathrm{cm}^2$

　　　㊺$= 65\,\mathrm{cm}^2$…（答）

→ ここまでの流れは先程の解説と同様なので割愛。

→ こちらの別解の方が分数などの計算ミスの起こる可能性が少なくなるので、計算ミスをするという人はこちらの方法を用いたほうがよい。

問4　三角形やおうぎ形を組み合わせて、以下のような図形を作りました。それぞれ
の図における、影の部分の面積の和を求めなさい。

(1)　　　　　　　　　　　　　　　　　　(2)

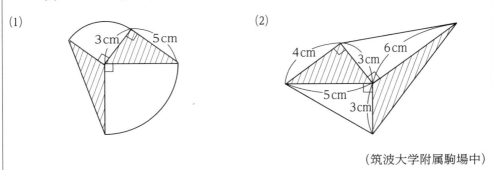

（筑波大学附属駒場中）

その図形がどのように作られているかという図形の構成が把握出来ていれば正解出来る
問題です。しかし、補助線を引いたりするなどのルールではなくて、図形を切り取って移
動させた上でそれを合体させるという初めて解く人には奇想天外な発想が要求されます。
しかし、この本を手に取っているような難関校受験生の皆さんやその保護者の方に関して
は、この手の問題も一度は経験しておく必要があります。これも、図形を動かした理由を
しっかり考えていくことが極めて大事になります。では、解説をしていきます。

☞**解説**

(1)

　下の図において、(ア)の斜辺 BC と(イ)の辺 CE が等しい
ので2つの三角形を合わせると、以下のようになる。

→　(ア)の三角形は角 A が90度で
あることに注目する。その後
(ア)の斜辺 BC と(イ)の CE が同じ
長さであることに注目して合
わせることが可能なことを確
認。

　また、●と■の和は180度に
なるので2つの図形を合わせ
たとしても、直線 AC を延長
させたものは直線のままであ
ることを必ず確認すること。

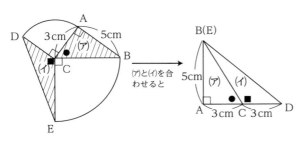

$$(3 + 3) \times 5 \times \frac{1}{2} = 15 \, cm^2 \cdots （答）$$

(2)

下の図において、(ウ)の辺 AE と(エ)の辺 CE が等しいので 2 つの三角形を合わせると、以下のようになる。

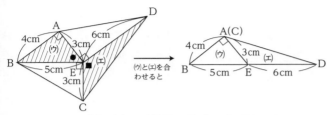

上の図より、(ウ)と(エ)の面積比は等高三角形なので、その面積比は 5：6 となるので、求める部分の面積は、

$$⑤ = 3 \times 4 \times \frac{1}{2}$$
$$= 6\,\text{cm}^2$$
$$⑪ = 13.2\,\text{cm}^2 \cdots（答）$$

→ (ウ)の斜辺 AE と(エ)の CE が同じ長さであることに注目して合わせることが可能なことを確認。しかし、(1)とは異なり直角三角形は作れないので、等高三角形の面積比に注目して解く。これは作図をした後に辺の長さを書き入れれば気付くことが出来るので作図のルールをしっかり守ること。
　また、この問題に関しても●と■の和は 180 度になるので 2 つの図形を合わせたとしても、直線 AC を延長させたものは直線のままであることを必ず確認すること。

以上が主な図形の求積問題の出題の形式になります。勿論、これ以外にも様々な形で毎年のように出題されています。入学試験を受ける側の姿勢としては、このような**単純明快な定番問題(典型問題)を落とさないようにすること**が極めて大切だというのは言うまでもありません。しかし、難関校では難問も出題されることがあります。これらの難問に関しては本来なら取れなくても合格点に到達するものも少なからず含まれているのも事実です。ですが、出来れば**図形の求積問題に関してはあらゆる出題形式を学び、出来る限りその分野は満点を獲得しておきたい**所です。そのためにも日頃より、作図などをしっかりとして図形の構成を正しく把握する訓練は必須と言えるでしょう。

この例題の出題元である開成中ですが、東大合格者数日本一を昭和 52 年に達成し、昭和 57 年に再び返り咲いて、以来は東大合格者数日本一を維持し続ける学校として、全国的にその名を轟かせています。元々、開成とは中国の古典である五経の一つである『易経(えききょう)』の中にある『夫れ易は物を開き務めを成し天下の道を冒(おお)う』から来ており、人知を開発して、仕事を成し遂げるという意味があります。ですから、大学入試に特化した授業は行っていないというのは有名でご存知の方もいらっしゃるのではないでしょうか(これは桜蔭中などその他男女御三家にも言えることです)。故に、学校内は絶対に東大に行きなさいという進路指導を行う教員は皆無です。しかし、元々が勉強好きな生徒の集団ですか

ら、皆勝手に勉強をし、口にしなくとも生徒間では東大に行って当たり前という空気が出来上がっているようです。また、先述の通り大学受験などに捉われないその授業のレベルはかなり高く、本質を奥深くまで付くような知的好奇心をくすぐるような授業が展開されるのは言うまでもありません（私も過去に家庭教師をしていて、見ていた生徒さんがいますので把握しております）。また、上級生と下級生の生徒間の縦の繋がりがある学校であることも知られており、それが毎年 5 月の運動会に現れます。下級生にとって、上級生は神に近い存在（笑）であり、ここで社会の疑似体験などをします。ですから、開成高卒業者は体育会系独特の礼儀正しさが身について、これが将来のネットワークになり社会に出てからも残ります。最寄駅となる、JR 西日暮里駅（開業は東京メトロ千代田線のほうが 1 年早い）は開成学園への通学を考えて開業されたとも言われています。なお、2020年開業する高輪ゲートウェイ駅を開業する以前、西日暮里駅は東京都都内の JR 路線で開業した最も新しい駅であることも案外知っておくべきことだと思います。

　開成中というと、問題が難しいという先入観を持っている方もいるかもしれませんが、実際は灘などの関西の難関校の方が実は解きにくい問題が出題されていることもあります。要するに、**開成受験生ならば適切というような問題が多い**です。想像の通り、開成を受験する受験生はトップ層ばかりです。ですから、**四教科で弱点を作らないようにすること**が大事です。

　次に開成中の算数について見ていきたいと思います。例えば、平成 31 年度の入試問題はかなり難問が出題されました。それは、ここ数年でも最高難易度と言われるレベルの問題でしたが、蓋を開けてみると合格者平均が 75% 程と改めて開成受験生の実力の高さをうかがい知れる結果となりました。当然、満点を取っている受験生もいたと思います。また、この年より問題用紙の形式が変更になり少し問題文の設定が長くなったように感じます。また、開成の出題傾向は極めてわかりやすく**数論問題、平面図形、立体図形、速さに関する問題**がその出題の中心になります。**完全記述形式なので、自分の考えをまとめて、丁寧な作業を常に心掛けることが大事**です。その難易度は、年度によってばらつきがあります。具体的な目標点はその入試問題のセットによって異なりますが、標準的な出題ならば 7 ～ 8 割程度の得点は必要になってきます。極端に簡単になる年もありますが、これは開成受験生ならば問題を見て判断出来るでしょう。その際は、落ち着いて丁寧な処理を施していき、一題一題確実に正解をしていくようにして下さい。くれぐれも舞い上がったり、焦ったりすることは禁物です。

☞**解説**

　下の図において、白い部分と斜線部分の長さの差は円の $\frac{2}{3}$ となることから、

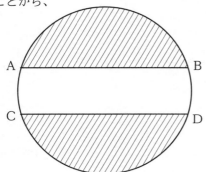

　円周の長さを①とすると、斜線部分－白い部分は $\left(\frac{2}{3}\right)$ となるので、それぞれの割合は和差算により、

$$斜線部分 = \left(① + \left(\frac{2}{3}\right)\right) \times \frac{1}{2}$$
$$= \left(\frac{5}{6}\right)$$
$$白い部分 = ① - \left(\frac{5}{6}\right)$$
$$= \left(\frac{1}{6}\right)$$

　よって、斜線部分：白い部分＝５：１となるので、考え易くするために半円にした以下の図において、

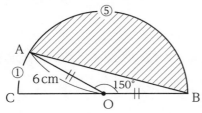

　斜線部分の中心角は 150 度であることから、

$$2 \times \left(6 \times 6 \times 3.14 \times \frac{150}{360} - 6 \times 3 \times \frac{1}{2}\right)$$
$$= 30 \times 3.14 - 18$$
$$= 94.2 - 18$$
$$= 76.2 \, cm^2 \cdots （答）$$

→　白い部分は、白い部分の弧と AB、CD の和となり、斜線部分は斜線部分の弧と AB、CD の和となるので、AB、CD は共通なので、弧の差にのみ注目すればよい

→　和差算は線分図を用いないで、計算で求められるようにして時間の短縮を
　大きい数＝(和＋差)÷2
　小さい数＝(和－差)÷2
　で求められる。線分図を書いて理由を考えてみよう

→　三角形 OAB は頂角 150 度の二等辺三角形なので、30 度定規 (三角定規) を利用して面積を求める

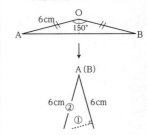

演習問題 5-1　　解答は 161 ページ

周りの長さが 26cm で、最も長い辺の長さが 12cm の同じ直角三角形 8 つを下の図のように並べたとき、斜線部分の面積を求めなさい。

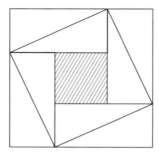

（慶應義塾中等部）

演習問題 5-2　　解答は 162 ページ

下の図のように正方形が 2 つあり、小さい正方形の中に円があります。このとき、斜線部分の面積を求めなさい。

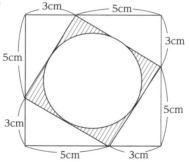

（灘中）

演習問題 5-3　　解答は 164 ページ

下の図は円と直角三角形を組み合わせたものです。このとき、斜線部分の面積を求めなさい。ただし、円周率は 3.14 とします。

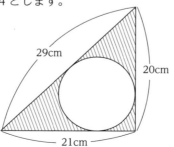

（洛星中）

例題6　下の図は、たて6cm、横10cmの長方形です。斜線部分の面積の和を求めなさい。

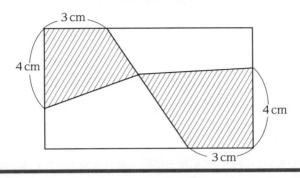

（駒場東邦中）

★コメント★

　例題5では図形の求積問題に取り組む際の効果的な手法を紹介しました。そこで紹介した代表的な求積問題に関してはかなりの学校で出題されていますので、過去問などを通じて演習を繰り返し行っていくことにより更なる定着させていって下さい。そして今回は、**答えを出すのに補助線などの発想が必要な問題**について扱っていくことにします。まず、上の例題を見てみて下さい。今までの扱ってきた問題と比較して、思うほど複雑ではなく、かなりシンプルな構成の図形に見えるのではないでしょうか。しかし、取り組んでみると一筋縄ではいかない問題というのが解いているうちにわかってくると思います。何はともあれ、実際に解いてみて下さい。かなり苦戦する人の方が多いのではないでしょうか？問題をパッと見で判断するなという最たる例になります。

　与えられている条件が少なすぎて**様々な試行錯誤を繰り返さないと正解まで辿りつきません**。このような問題に遭遇した場合の取り組み方としては、入試本番や時間を計っての過去問演習などの際は**少し考えて無理そうならば飛ばして次の問題にいくのが賢明な判断**と言えます。では、過去問の解き直しや通常の問題演習中に出てきた場合はどうでしょうか？　その場合は答えが出るまで、納得するまで問題と向き合ってみて欲しいと思います。ただ、それでも答えが出せなかったり、納得できないこともあると思います。しかし、**問題を真剣に考えてから解説を読んで理解するのと、そうでないのとでは雲泥の差がある**でしょうし、その問題の理解度も大きく変わってくると思います。ですから、難問に対する取り組み方とお伝えしたいこととして、時間に余裕のある場合にその時間で真剣に考えてみて下さい。その際、様々な試行錯誤を図形の中に施していくと思います。その試行錯誤が図形問題を得意にする重要な要素になります。私がいままで見てきた図形問題を得意と

する受験生（なかなかいるものではないですが…）は図形問題を粘り強く考えている受験生が多かったです。その際、やはり**様々な試行錯誤を繰り返して**いました。難問に対する学習の姿勢として、**諦めないで問題に取り組むという姿勢**で常にいて欲しいと願っています。はしがきにも書きましたが、図形問題はパズルみたいなものです。パズルはいずれ完成します。これは図形問題に関しても同じことが言えます。要するに図形問題は粘ればいつか必ず答えが出るものです。

　また、今回の問題の解法については、2通りの解法で解いてみたいと考えています。

図形問題の取り組み方
　時間をかけてでもいいので、とにかく問題を考える習慣を付けること
　☞試行錯誤を繰り返して、自力で答えを導くことが偏差値アップのために大事

　毎年発表される全国の東京大学合格ランキングはご存知だと思います。2019年度の順位では第8位にランクインしているのが、駒場東邦中(以下、駒東とします)です。年度により多少変動はありますが、同地にある東大教養学部(東大は文科Ⅰ類～Ⅲ類、理科Ⅰ類～Ⅲ類は全て教養学部の所属という位置付けになります)に一定数の卒業生を送り出している進学校です。その合格実績の成果は、教育熱心な保護者も取り込むという教育戦略によるものです。学校と生徒、そして保護者が三位一体となった教育が駒東の特徴と言えます。文化祭や保護者会など、保護者の交流の場が多いのも駒東の特徴です。卒業後に保護者で組織される同窓会なども存在するくらいです。また、東京の男子御三家はその様相が大きく変化しつつあります。人によっては、開成・麻布・駒東と呼ぶ人もいるくらいです。そして、駒東は受験生の層が狭く熱望組が受験をしますので、熾烈を極める争いになるでしょう。

　駒東の入試問題は各科目で読解力を土台とした問題を出題されます。例えば、社会などは知識よりも流れを重視するような問題なので、暗記頼みの学習は避けるべきと言えます。このように、入試問題は特徴的な出題が目立つので対策は必須と言えます。

　算数の入試問題は60分で大問4題という出題形式で、1題当たりに長い時間をかけることが出来ます。その入試問題も一見すると、**全く解答の方針が立たないものが多く、試行錯誤をした上で初めて問題の意図に気付く**ような問題を出題することも少なくありません。問題をじっくりと考え込む習慣の付いている受験生向きだと言えます。また、以前のような難問主体の問題形式から標準的な問題も出題するような傾向に様変わりしてい

ます。出題傾向は、**数論問題**と**図形問題**からの出題がメインになりますが、年により偏りがあることも多く受験生泣かせのセットになる年も少なからずあります。やはり、この2つの分野を徹底的に鍛えておくのが合格点を取るのに必要であると言えます。速さに関する問題も出題されますが、そこまで難問ではありませんので併願校対策として、典型問題を解けるようにしておけばいいでしょう。**割合と比に関する問題は一切出題されない**ことも他校とは異なる大きな傾向と言えます。特に図形問題に関しては、**30度定規を好んで出題**する傾向があります。他分野との融合問題も出題されることもあります。特筆すべきは、**図形や数論問題の答えの理由を記述**させたり、**図形を作図させたり**とかなり特色のある入試問題となり、対策は必須となります。かなり癖のある問題に対応するために**論証する力を育んで試験に臨むべき**でしょう。ここ数年は問題の易化や小問集合問題の登場などもありで合格点の目安としては7.5割程度（大問3題分くらい）でしょうか。他科目でそこまで差がつかないので算数勝負になる典型的な男子校と言えるでしょう。

☞ **解説**

　下の図のように長方形 ABCE の各辺上に点 E ～ H を取り、2つの図形の交点を点 I とする。

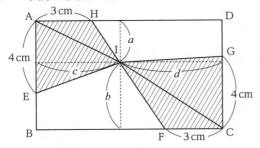

→ ヒントが少ないこともあり、補助線に頼ることになりそう。補助線としては、点 I より、長方形の各辺に垂線を引く方法が望ましいと言える。

　いま、点 I から辺 AD に下ろした垂線の長さを a、辺 BC に下ろした垂線の長さを b として、三角形 AIH と三角形 CIF の面積の和は、

→ 図より、$a + b$ の長さは 6 cm となる。

$$三角形 AIH + 三角形 CIF = 3 \times a \times \frac{1}{2} + 3 \times b \times \frac{1}{2}$$
$$= 3 \times (a + b) \times \frac{1}{2}$$
$$= 3 \times 6 \times \frac{1}{2}$$
$$= 9 \, cm^2$$

また、点 I から辺 AB に下ろした垂線の長さを c、点 CD に下ろした垂線の長さを d として、三角形 AIE と三角形 CIG の面積の和は、

$$\text{三角形 AIE} + \text{三角形 CIG} = 4 \times c \times \frac{1}{2} + 4 \times d \times \frac{1}{2}$$
$$= 4 \times (c + d) \times \frac{1}{2}$$
$$= 4 \times 10 \times \frac{1}{2}$$
$$= 20\,\text{cm}^2$$

→ 図より、$c + d$ の長さは 10cm となる

以上より、斜線部分の面積は、

$$9 + 20 = 29\,\text{cm}^2 \cdots (答)$$

☞別解　平行四辺形を利用した解法

下の図のように長方形 ABCE の周りに点 E〜H を取り、2 つの図形の交点を点 I として、点 E〜H をそれぞれ結んで図を作ると以下のようになる。

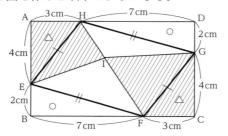

→ 解法の美しさとしてはこちらの方が格段に上になります。しかし、補助線の引き方がかなり難しいので経験値がかなり高くないと、この補助線は引くのは厳しいと思います。しかし、ここまで出来れば図形問題に関しての死角はないといっても過言ではないでしょう。図形を美しく眺めるという姿勢で取り組んでいけばいずれ引けるようになる線です。

このとき、四角形 EFGH は平行四辺形なので

$$6 \times 10 - \left(3 \times 4 \times \frac{1}{2} \times 2 + 2 \times 7 \times \frac{1}{2} \times 2\right)$$
$$= 60 - (12 + 14)$$
$$= 34\,\text{cm}^2$$

また、三角形 EIH と三角形 FIG は平行四辺形 EFGH の面積の半分になるので、

$$34 \div 2 = 17\,\text{cm}^2$$

以上より、斜線部分の面積は、

$$17 + 3 \times 4 \times \frac{1}{2} \times 2 = 17 + 12$$
$$= 29\,\text{cm}^2 \cdots (答)$$

→ 三角形 EBF と三角形 GDH は合同な三角形なので (合同の理由は明らかなので割愛)、
　 EF = GH …①
同様にして、三角形 EAH と三角形 GCF も合同な三角形なので、
　 EH = GF …②
①、②より、向かい合う 2 組の辺がそれぞれ等しいので四角形 EFGH は平行四辺形となる。

『語りかける中学受験算数　超難関校対策集　平面図形編』（市原秀夫・著）
2020 年 3 月 20 日発売の本の中で、誤植、一部図に記入漏れがありました。
深くお詫びして訂正いたします。

14 頁　例題 8 図　　　　　　　16 頁　例題 10 図

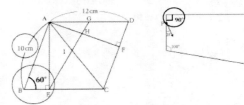

42 頁(2)　答えが $51\frac{3}{11}$ となっていますが、**$49\frac{1}{11}$** が正解です。

46 頁　中段⑬　$5\frac{2}{5}$ となっていますが、**$5\frac{2}{5}$ cm** が正解です。

80 頁　例題 7 の(1)の解答が サ＝ 1 となっていますが、**サ＝ 2** が正解です。

99 頁　おぼえておくべき平方数の表で 17 × 17 ＝ 256 とありましたが、
17 × 17 ＝ **289** が正解です。

102 頁 2 行目　台形 ACEF となっていますが、**台形 ADEF** が正解です。

173 頁表　図が一部ずれていました。

操作回数	最初	1	2	3	4	…
辺の数	3本	12本	48本	192本	768本	…
増える正三角形の数		3	12	48	192	…
正三角形の面積		486 cm²	54 cm²	6 cm²	$\frac{2}{3}$ cm²	…
合計	4374 cm²	5832 cm²	6480 cm²	6768 cm²	6896 cm²	…

となります。

192 頁下から 8 行目　「三角形 PGE →**三角形 PGQ**」となります。

192 頁下から 6 行目　「四角形 PCDE →**四角形 PCDQ**」となります。

226 頁 3 行目　PI ＝ WO ＝ 4 ＋ 4 となっていますが、**TL ＝ FQ ＝ 4 ＋ 4**
が正解です。

演習問題 6-1　　解答は 166 ページ

直径 18cm の円の周上に、円周を 12 等分する点を取ります。このとき、次の問いに答えなさい。ただし、円周率は 3.14 とします。

図 1

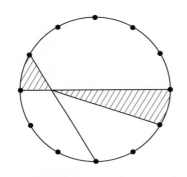

図 2

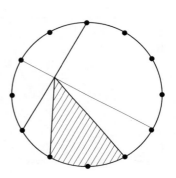

(1)　図 1 の斜線部分の面積の和を求めなさい。

(2)　図 2 の斜線部分の面積を求めなさい。

（神戸女学院中）

演習問題 6-2　　解答は 169 ページ

下の図のように三角形 ABC の内部に正方形 PQRS が 3 点 P、Q、R で接していて、BQ の長さと QC の長さは等しいものとします。このとき、正方形 PQRS の面積を求めなさい。

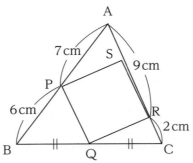

（算数オリンピックファイナル）

例題7　同じ大きさの正方形を直線や円で区切って、図のように図形ア〜カを作りました。そして、ア〜カの部分の面積をそれぞれ⑦〜㋕と表し、正方形1つ分の面積を㋖と表すことにします。

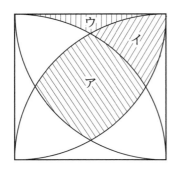

図1　　　　　　　　　　　　　　　**図2**

　これらの面積には、例えば、

　　㋖＝⑦×1＋㋑×4＋㋒×4

のような関係があります。その他に次のような関係を見つけました。㋚〜㋡に当てはまる整数や記号を答えなさい。㋜には記号⑦〜㋖のどれかが当てはまり、その他には整数が入るものとします。

(1)　㋕＝㋔×㋚－㋓×1

(2)　⑦＋㋑＝㋔×㋛－㋓×㋜

(3)　㋑＋㋒＋㋔＝㋝

(4)　⑦＝㋖×1＋㋔×㋞－㋓×㋟
　　　㋑＝㋓×㋠＋㋔×1－㋖×1
　　　㋒＝㋖×1－㋓×1－㋔×㋞

（開成中）

★コメント★

　再び開成中の入試問題の登場になります。今度は複雑な図形の構成を把握出来ているのかを確認する問題になります。問題を解く際は必ずノートに**どのような図形の構成になっているのかを正しく把握するために作図をすることを忘れずに**行い、演習をしていくようにして下さい。更に今回の問題は前の設問の答えを上手く活用して答えを導いていく問題になるであろうと開成受験生ならばわかると思います。前に、お伝えしたことがあるかもしれませんが、この開成中だけに限らず、算数の**難関校の入試問題は前問の結果を上手く用いて、次の問題の結果を導くものが極めて多い**です。合わせて、**どうしても問題が解けない場合はまだ活用していない条件がないかどうかをチェックすることも大切**です。算数の問題は無意味な条件は基本的に設定しません。解答を出すのに必要なこと以外を与えるような問題はかなり稀であると言えます。

　また、この問題などはハサミなどで図を切ったりして考えたい（笑）と思う受験生もいるかもしれませんが、入試本番ではそれは出来ません。作図をして図を組み立てていって下さい。勿論、自分が考えたことを解答用紙にしっかり記入をして、採点者に伝わるように工夫をして部分点をもぎ取ることも忘れずに頑張りましょう。

難関校の算数の問題に対する取り組み方
  ① 全問の答えを活用して、次の問題の答えを出すものもある
    ☞どうしてもわからない場合は全問の答えなど、問題まで戻ってみること
  ② 与えられている条件は全て使うので使っていない条件をチェックする

　先程、この問題は開成中からの出題とお伝えしましたが、この問題が出題された年の算数の合格平均点は 61.1 点（85 点満点）です。ですから、算数が得意な人は(1)~(4)まで得点を、苦手な人は(1)~(3)辺りまでは死守したいところになります。他の問題の難易度を考えるとここの問題で出来るだけ点を稼いでおきたいのは明らかと言えます。そのためには日々の図形の構成を掴むという練習を忘れてはなりません。また、問題としては極めて良問だと思います。実際の演習の際には時間を少しかけてもいいと思うので、答えが出るまで粘ってみましょう。

　こちらの問題に関しても、考え方というよりも図形が似ていて頻出となる有名問題がありますので、その問題を解いてから例題の解説に入っていきたいと思います。

問1　下の図の四角形 ABCD は一辺の長さが 5cm の正方形で、AE、BF、CG、DH の長さは全て 2cm ある。このとき、斜線部分の面積を求めなさい。

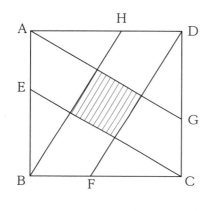

（灘中）

問2　下の図のような一辺 2cm の正方形 ABCD の各頂点を中心として、四部円を 4 つ書きました。4 つの円が重なる部分の面積を求めなさい。ただし、円周率は 3.14 とし、一辺が 2cm の正三角形の高さを 1.73cm とします。また、答えは小数第 2 位を四捨五入して求めなさい。

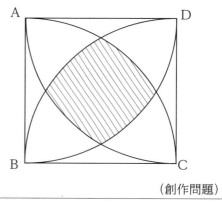

（創作問題）

　どちらの問題も真ん中の図形を合同な 4 つの図形で囲んでいるという構成をしています。この構成に気付くことが出来ればそこまで難しさを感じずに正解まで辿りつくはずです。その図形の構成は以下のようになります。この構成は様々な学校で出題されていますので、頭の中に入れておきましょう。

問1の図形の構成

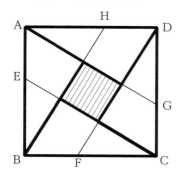

問2の図形の構成

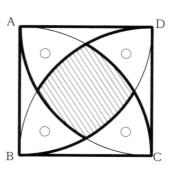

　それでは、それぞれの問いついて解法を確認いていきます。

☞ **解説**

問1

正方形 ABCD の内部にある正方形 PQRS について、

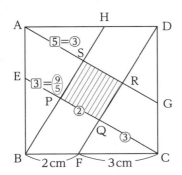

→ 真ん中の正方形 PQRS を 4
つの合同な三角形で囲まれ
ていることに気付くこと

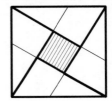

　三角形 ABS と三角形 EBP は相似な三角形となることか
ら、その相似比は、

　　BP：PS ＝ BE：EA

　　　　　　 ＝ 3：2

よって、AS：EP ＝ 5：3 となる。

　また、三角形 ABS と三角形 BCP は合同な三角形なので、

　　CQ：QP ＝ 3：2

となるので、CQ ＝③、QP ＝②とすると、三角形 ABS と
三角形 BCP は合同な三角形なので AS ＝③となるので、
AS：EP ＝ 5：3 であることから、

　　⑤＝③

　　③＝$\left(\dfrac{9}{5}\right)$

以上より、平行四辺形 PQRS の面積は、

$$2 \times 5 \times \frac{2}{3+2+\dfrac{9}{5}} = 10 \times \frac{10}{34}$$

$$= 2\frac{16}{17} \text{ cm}^2 \cdots （答）$$

→ 相似な図形は図中から代表
的な相似形を探すようにす
れば良い。代表的な相似形
は以下の通り。

→ このような、分数の分子や
分母が分数になっているも
のを繁分数といって、分母
を消去して処理をしていく。

$$\frac{2 \times 5}{5 \times \left(3+2+\dfrac{9}{5}\right)} = \frac{10}{34}$$

☞**別解**

正方形 ABCD の内部にある正方形 PQRS について、

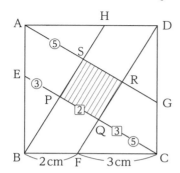

三角形 ABS と三角形 EBP は相似な三角形となることから、BP : PS = BE : EA = 3 : 2 より、

AS : EP = 5 : 3

また、三角形 ABS と三角形 CDQ は合同な三角形なので、対応する辺が等しいので AS = CQ となるので、

CQ : EP = 5 : 3 ……①

同様にして、三角形 BCP と三角形 FCQ は相似な三角形となることから、

CQ : QP = 3 : 2 ……②

①、②より、EP : CQ : QP を求めると、

EP : CQ : QP = 9 : 15 : 10

となることから、斜線部分の面積は、

$$2 \times 5 \times \frac{10}{34} = 2\frac{16}{17} \ \text{cm}^2 \cdots （答）$$

→ 先程の解法は繁分数などを用いた強引な解法であったが、次に連比を用いた解法を紹介することにする。こちらの解法の方が解き易いと思うが、時には繁分数という強引な解法で乗り切るケースも出てくる。

→ 連比を求める場合は頭の中でやってもいいが、安全性を重視して書き出していくのも有り。

EP	:	CQ	:	QP
3	:	5		
		3	:	2
9	:	15	:	10

→ 平行四辺形の面積は以下のような図において即答出来るようにしておくことが望ましい。

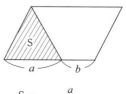

$$S = \frac{a}{2 \times (a + b)}$$

問 2

斜線部分 PQRS は、上の図のように太線部分の 4 つの合同な図形に囲まれている。

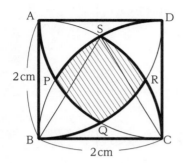

その 1 つの面積について求めると、

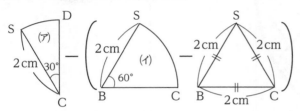

→ そのまま求めるのではなく、**図形の形で式を立てる**ようにすると良い。その際、必ず長さや角度も書き入れておくと求め易くなる。

(ア)、(イ)の部分の面積をそれぞれ求めると、

$$(ア) = 2 \times 2 \times 3.14 \times \frac{1}{12}$$
$$= \frac{1}{3} \times 3.14 \text{ cm}^2$$
$$(イ) = 2 \times 2 \times 3.14 \times \frac{1}{6}$$
$$= \frac{2}{3} \times 3.14 \text{ cm}^2$$

→ 途中で計算しても、無限小数になるので、ここはそのままにしておいて、最後に調整するように計算すること。

よって、上の図の太線で囲まれた部分の面積は、

$$\frac{1}{3} \times 3.14 - \left(\frac{2}{3} \times 3.14 - 1.73 \right) = 1.73 - \frac{1}{3} \times 3.14 \text{ cm}^2$$

以上より、斜線部分の面積は、

$$2 \times 2 - 4 \times (1.73 - \frac{1}{3} \times 3.14) = 4 - (6.92 - 4.19)$$
$$= 1.27 \text{ cm}^2 \cdots \text{（答）}$$

→ 問題の指示に小数点第二位を四捨五入するとあるので、誤差も出るので、一番最後に四捨五入を行うようにする。

☞**解説**

(1)

　問題の図において、㋪は中心角30度のおうぎ形になることより、㋪の面積2つ分から、㋤の正三角形を引いて求めればよいので、

　　㋛＝㋪×2－㋤×1 …①

となるので、㋤＝1 …（答）

(2)

　下の図のように、図1に補助線を入れると、㋐と㋑の和は、図2の㋕の面積2つと㋪の面積1つの和となる。

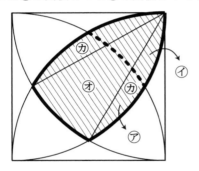

　よって、

　　㋐＋㋑＝㋪×1＋㋕×2 …②

が成立することより、②の式に①の式を代入すると、

　　㋐＋㋑＝㋪×1＋2×（㋪×2－㋤×1）

　　　　　＝㋪×1＋㋪×4－㋤×2

　　　　　＝㋪×5－㋤×2

となることから、㋛＝5、㋜＝2 …（答）

→ レンズ型の面積を求める場合と同様にして求められる。この問題は基本的な問題なので落とせない。

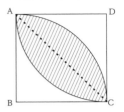

斜線部分の面積は中心角90度のおうぎ形から、直角三角形の面積を引いて求める。図形の式を立てると以下の通りになる。

レンズ型の半分

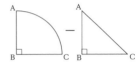

→ この補助線がこの問題の難しいところ。図形の構成を正しく把握できているのかがポイントになる。

→ 前の設問の結果を用いて、次の設問の結果を導く難関校特有の出題形式と言える

→ 分配法則を利用して、かっこを外して式を整理する

(3)

　下の図のように、図1に補助線を入れると、㋑と㋒の和は、㋔の面積1つと㋕の面積1つの差になる。

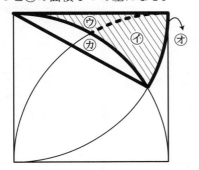

→ 図形の構成を正しく理解することが大事。㋔の面積は中心角60度のおうぎ形、㋕の面積はレンズ型の半分ということを把握すること。

よって、

　㋑＋㋒＝㋔×1 －㋕×1 …③

となることから、両辺に㋔を加えると、

　㋑＋㋒＋㋔＝㋔×1 －㋕×1 ＋㋔×1

　　　　　　＝㋔×2 －㋕×1

また、㋔×2 ＝㋓×1 ＋㋕×1 となることから、

　㋑＋㋒＋㋔＝㋓×1 ＋㋕×1 －㋕×1

　　　　　　＝㋓×1 …④

以上より、㋡＝㋓ … （答）

→ ㋔2つ分は、中心角30度のおうぎ形2つ分になるので、中心角60度のおうぎ形になる。問題の図より、それは㋓＋㋕になることがわかる。

(4)

　㋐の面積について考える。正方形（＝㋖）全体の面積は、

　㋖＝㋐×1 ＋㋑×4 ＋㋒×4

となるので、㋐について変形すると、

　㋐＝㋖×1 －㋑×4 －㋒×4

　　＝㋖×1 －4×（㋑＋㋒）…⑤

⑤の式に④の式を変形して代入すると、

　㋐＝㋖×1 －4×（㋓－㋔）

　　＝㋖×1 －㋓×4 ＋㋔×4 …⑥

以上より、㋜＝㋠＝4 … （答）

→ 問題を見ただけで、㋜と㋠の答えは見当が立たないはず。ということは、**前問の答えをヒントとして、この問題の答えを出していくという解答方針**に変えていく。

→ 分配法則を利用して、かっこを外して式を整理する。
〈例〉
$$10 - (11 - 7) = 10 - 11 + 7$$
$$= 17 - 11$$
$$= 6$$

⑦の面積については、(2)より、

　　㋐＋㋑＝㋔×5 －㋓×2

という式が成立するので、両辺より㋐を引くと

　　㋐＋㋑－㋐＝㋔×5 －㋓×2 －㋐×1

　　　　　㋑＝㋔×5 －㋓×2 －㋐×1 …⑦

　⑦の式に⑥の式を代入すると、

　　㋑＝㋔×5 －㋓×2 －（㋖×1 －㋓×4 ＋㋔×4）

　　　＝㋔×5 －㋓×2 －㋖×1 ＋㋓×4 －㋔×4

　　　＝㋓×2 ＋㋔×1 －㋖×1

以上より、㋑＝ 2 …（答）

→ 分配法則を利用して、かっこを外して式を整理と－は符号が反対になる。

　㋒の面積については、正方形は㋒、㋓の面積 1 つ分と、㋔の面積 2 つ分で構成されていることから、

　　㋒＝㋖×1 －㋓×1 －㋔×2

以上より、㋒＝ 2 …（答）

→ 図形の構成がわかっていれば難しくない。

演習問題 *7-1*　　解答は 171 ページ

　面積が $4374\,\mathrm{cm}^2$ の正三角形があります。この三角形の各辺を三等分して、真ん中の部分を一辺とする正三角形を、もとの三角形の外側に書きました（図 1 参照）。次に、図 1 の各辺を三等分して真ん中の点を一辺とする正三角形を、図 1 の外側に書きました（図 2 参照）。この操作を繰り返していくとき、次の問いに答えなさい。

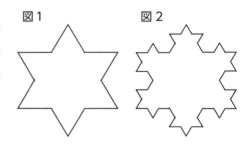

図1　　　図2

(1)　図 1 の図形の面積を求めなさい。

(2)　図 2 の図形の面積を求めなさい。

(3)　図 2 の図形に対し、上の操作を後 2 回繰り返して得られる図形の面積を求めなさい。

（甲陽学院中）

演習問題 7-2　　解答は 174 ページ

右のような図1において、2つの四角形 ABCD と四角形 EFGH はどちらも正方形で、AE = 6cm、AF = 10cm なります。次の問いに答えなさい。

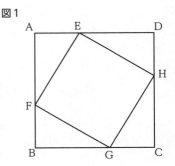

図1

(1)　図1の正方形 PQRD を書き加えてできたのが下の図2になります。このとき、SQ の長さを求めなさい。

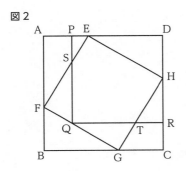

図2

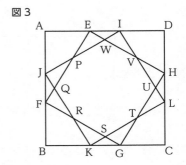

図3

(2)　図1に、正方形 EFGH と同じ大きさの正方形 IJKL を書き加えてできた正方形が上の図3です。図の P ～ W を 8 つの頂点とする八角形の面積を求めなさい。

(武蔵中)

演習問題 7-3　　解答は 178 ページ

下の図は、長方形土地を幅 3m の道 (斜線部分) で 5 つの長方形の土地に分けたものです。あ、い、う、え、おの部分の面積をそれぞれ⑤、⑩、⑥、⑥、⑥とします。
⑤：⑩：⑥：⑥：⑥= 1：2：3：4：5 となるとき、⑥の面積を求めなさい。

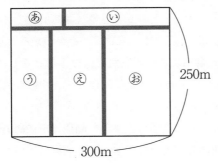

(桜蔭中)

例題 8　図のような平行四辺形 ABCD があり、点 G は辺 AD の真ん中の点です。このとき、次の問いに答えなさい。

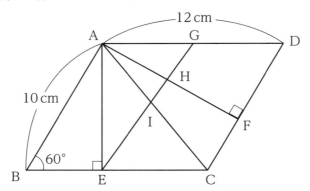

(1)　DF の長さを求めなさい。

(2)　GI と IE の辺の長さの比を最も簡単な整数の比で表しなさい。

(3)　GH と HI の辺の長さの比を最も簡単な整数の比で表しなさい。

(4)　三角形 AIH と平行四辺形 ABCD の面積比を最も簡単な整数の比で表しなさい。

(洛南高等学校附属中)

★コメント★

　平行四辺形を利用した辺の比や面積比を求める問題は様々な学校で出題されています。もし、図形問題が苦手で本書を手に取っているという方はこの分野は確実に解けるようにしておきたいところです。**正しい解法を身に付けることが出来たのならば、この問題での失点を 0 にすることが出来る**からです。全体的な流れとして、まずは問題で与えられている辺の比や長さを書き入れます。次に、『ピラミッド型 (山型)』『砂時計型 (クロス型)』などの相似の代表的な形を探し出すことにより、辺の比を求めることが出来ると思います。もちろんこの時に、辺の比は〇、△などと**割合によって区別を付けること**をして下さい。ここまでで問題の 50% は終わっています。これはパズルに近いので、相似な図形を探すという練習さえ積んでおけば誰にでも出来るようになります。

　次に、大抵の問題では面積について聞いてくると思いますが、**面積比を求める問題は等高三角形を探した上で逆算的に面積比を求めていく**だけです。この問題は短期間で攻略出

来ると思いますので、徹底的に演習を繰り返して下さい。全体を通して言えることは、**どこの辺の比を求めれば答えが出せるのかの見当を立てておくこと**です。しかし、大体の問題は**問題が誘導形式になっていることが多い**ので、問題の指示通りに解いていけば解決する仕様になっていることが多いです。まとめておくと以下の通りになります。

> **解答の指針　平行四辺形の辺の比・面積比の問題**
> ① **相似な図形を探して、辺の比を求めること**
> 　☞その上で割合の区別を付けて、図中に書き入れること。また、相似形が見つからない場合は相似形を作ること。
> ② **面積比を求める場合は、等高三角形から逆算的に求める**

　こちらに関しても、代表的な問題から見ていくことにします。面積比を求める問題の基本事項をまとめて確認してみることにします。

問1　面積が $20\,\mathrm{cm}^2$ の三角形 ABC の辺 BC 上に 2 点 D、E があります。直線 AE の真ん中の点を F とし、直線 BF と辺 AC、直線 AD が交わる点をそれぞれ G、H とします。三角形 BHD と三角形 AFH の面積は等しく、その面積は $2\,\mathrm{cm}^2$ となります。このとき、以下の問いに答えなさい。

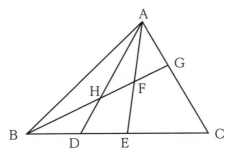

(1)　BH と HF の辺の長さの比を最も簡単な整数の比で表しなさい。

(2)　AG と GC の辺の長さの比を最も簡単な整数の比で表しなさい。

（豊島岡女子学園中）

☞**解説**

(1)

三角形 BHD ＝三角形 AFH ＝ 2cm² となることから、点 F と点 D を結ぶと、以下のような図になる。

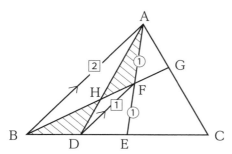

三角形 BHD ＝三角形 AFH となることから、等積変形を利用すると、AB と FD は平行になるので、三角形 ABE と三角形 FDE は相似な三角形なので、

$$AB : FD = AE : FE$$
$$= 2 : 1$$

三角形 ABH と三角形 DFH は相似な三角形となることから、

$$BH : HF = AB : DF$$
$$= 2 : 1 \cdots （答）$$

(2)

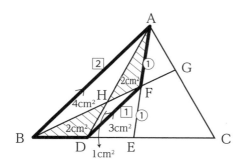

→　等積変形を利用した補助線を引く。

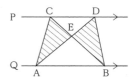

上の図において、直線 P と直線 Q が平行ならば、
三角形 ABC ＝三角形 ABD が成立する。また、三角形 ABE が共通していることから、
三角形 EAC ＝三角形 EBD が成立する。

→　題意より、点 F は AE の真ん中の点になるので、
　　AF ＝ FE
となるので、
　　AE : FE ＝ 2 : 1
が成立する。

→　算数の問題は基本的に与えられている全てのヒントを用いて答えを出す。もし、どうしてもわからない問題がある場合は、**まだ使っていない条件がないかを必ずチェック**すること。ここでは、三角形 ABC の面積が 20cm² になるという条件をまだ活用していないことに気づきたい。

(1)より、三角形 ABH と三角形 DFH は相似な三角形なので、以下の図のように考えると、

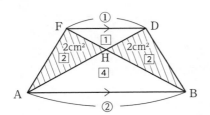

よって、

三角形 ABH $= 4\,\mathrm{cm}^2$、三角形 DFH $= 1\,\mathrm{cm}^2$

となるので、台形 ABDF の面積は $9\,\mathrm{cm}^2$ となる。

また、三角形 ABE と三角形 FDE は相似な三角形なので、その面積比に注目すると、

三角形 ABE：三角形 FDE $= 4:1$

となるので、

三角形 FDE：台形 ABDF $= 1:3$

がいえることより、三角形 FDE の面積は $3\,\mathrm{cm}^2$ となる。

その他の部分の面積を求めると、

三角形 ABE ＝三角形 FDE ＋台形 ABDF

$\qquad = 12\,\mathrm{cm}^2$

三角形 ACE ＝三角形 ABC －三角形 ABE

$\qquad = 8\,\mathrm{cm}^2$

以上より、三角形 ABE：三角形 ACE $= 3:2$ となるので、図形のてんびんを用いて、

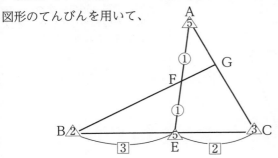

AG：GC $= 3:5$ …（答）

→ これは等高三角形を用いても導くことは可能だが、**知っておけば時間短縮に**はなる。知らなくても解くことは出来るので、無理をして覚えようとしなくても良い。

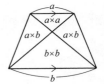

→ 三角形 ABE と三角形 FDE は相似な三角形で、その相似比は $2:1$ となることからいえる。面積比は相似比の平方数に一致することから、面積比が導ける。

→ 図形のてんびんに関しては 230 ページを参照のこと。

　いかがでしたか？　図形の相似比と面積比に関する確認は出来ましたでしょうか？　それではもう１問見ていきたいと思います。駒東の問題になります。

問２　下の図のような、面積 96 cm² の平行四辺形 ABCD において、

　　AE：ED = 1：1、BF：FC = 1：2、BG：GE = 5：3

　が成立しているとします。このとき、次の問いに答えなさい。

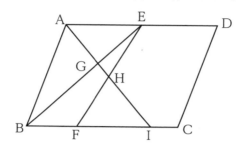

(1)　四角形 ABFE の面積を求めなさい。

(2)　BF と FI の辺の長さの比を最も簡単な整数の比で表しなさい。

(3)　三角形 EGH の面積を求めなさい。

（駒場東邦中）

☞**解説**

(1)

　平行四辺形 ABCD において、辺の比を書き入れると、以下の図のようになる。

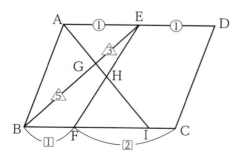

→ 図形問題は**辺の長さや比、角度などのわかっていること**は**全て書き入れる**ようにする

　左ページの図より、AE：ED ＝ 1：1、BF：FC ＝ 1：2
であり、平行四辺形 ABCD より AD ＝ BC となり、連比
を用いて比を一致させると、

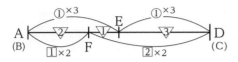

以上より、AE：ED：BF：FC ＝ 3：3：2：4 となるので、

四角形 ABFE ＝ $\frac{5}{12}$ ×平行四辺形 ABCD

$= \frac{5}{12}$ × 96

$= 40\,\text{cm}^2$ …（答）

→ 線分図に表した場合、線分
図より上の割合は②、下の
割合は③を表すので、②と
③の最小公倍数の 6 にする。
そのために、②× 3、③× 2
で割合を一致させている。

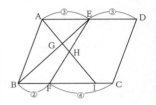

(2)

　(1)より、AE：ED：BF：FC ＝ 3：3：2：4 となるので、
図中に書き入れると以下のようになるので、

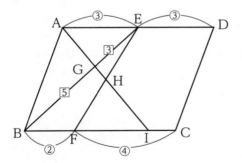

三角形 AEG と三角形 IBG は相似な三角形なので、

　　AE：IB ＝ 3：5

以上より、BF：BI ＝ 2：5 となるので、

　　BF：FI ＝ 2：3 …（答）

→ 平行四辺形の辺の比がわ
かっている場合は、辺の比
を書き入れた後で対辺の比
も書き入れること。この問
題のように比が一致してい
ない場合は揃えること。な
お、ここで用いている割合
の印は(1)とは異なるもので
あることに注意を。

(3)

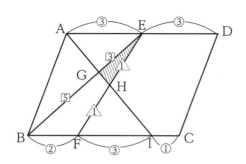

（2）より、三角形 AEH と三角形 IFH は相似な三角形であることから、

$$EH : HF = AE : IF$$
$$= 1 : 1$$

よって、三角形 EGH の平行四辺形 ABCD 全体に対する割合は、

$$三角形 EGH = \frac{3}{8} \times \frac{1}{2} \times \frac{2}{12} \times 平行四辺形 ABCD$$
$$= \frac{1}{32} \times 96$$
$$= 3 \, cm^2 \cdots （答）$$

→ **前問の結果を用いる**のは、難関校の算数における基本の解法

→ 一角共有型の三角形の面積を利用している

　以上のように、平行四辺形などに代表される相似比や面積比の問題は図中から定理（知っている形）を探して活用することで比較的容易に答えを求めるが出来ます。繰り返し演習をして、確実に得点出来るようにしていって下さい。

　例題の出典元になっている洛南高等学校附属中（以下、洛南とします）は、世界遺産にも登録されている真言宗の総本山である東寺（教王護国寺）の境内に隣接している関西随一の共学校です。JR 京都駅から徒歩圏内でアクセスも良いことから県外からの通学者も多く、有名な五重塔が近くにある北総門が通学路になっています。また、バスケットボールの強豪としても有名です。厳しい校則や欠席に対する厳格な対応がなされ、塾や家庭教師は必要としないとされています。聖徳太子の制定した憲法十七条の中にもある三宝（仏・法・僧）に帰依した、『自己を尊重せよ・真理を探求せよ・社会に献身せよ』を校訓として、生徒には『社会の雑巾たれ』と説いています。以上は、弘法大師の建学の精神を受け継ぎ、『知育・徳育・体育・共同（他人の立場を理解する）・自省（教師・親の成長が子供の成長に）』を柱にして、礼儀作法とけじめを身に付けて温かい心と自立心を持った独立者たる人物を

養成していることに起因します。平成 18 年に共学校化されています。

　共学化されたとはいえ、先述の早実や慶應中等部などと同様に女子受験生に関しては門戸が狭いのは他校と同様です。女子の合格者数は男子の 25% 程度の人数で四科の合計点では専願の場合は男子よりも 30 点ほど基準が上がります。併願の場合は同じ点数になり、男子受験生と同様もしくはそれ以上の対策を施す必要が出てきます。

　算数の入試問題は試験時間が 70 分と他校より長めの試験時間になり、集中力を長く持続させることも大切です。出題の傾向として、**計算問題・典型一行問題が毎年 4 ～ 8 題出題**されており、毎日の計算や一行問題の練習は必須となるとともに、やや長めの計算問題を確実に正解出来る訓練も大切になってきます。全体的な問題の難易度から考えて、**計算問題での失点は無くしたい**のはご想像の通りになります。また、**計算は還元算や少し工夫すれば楽に解けるものまで様々な計算練習をしておく**と良いでしょう。そして、強化すべき**速さに関する問題、図形問題（平面図形・立体図形）、数論問題**になります。速さに関する問題は、難度の高いものまで出題されることがありますので、様々な条件設定の問題を経験しておく必要があります。見たことのない設定の問題に対しても、今まで解いてきた問題が類題になっていることが多々あります。**条件設定の近い問題を解いたことがないかを振り返ってみて下さい。**案外、それが簡単に見つかったりします。図形問題は年によって難度がばらついている印象です。有名な典型問題を出題してくる場合もあれば、初公開となるような奇抜な発想を要するものも出たりすることがあります。**立体の切断から図形の構成をつかむ問題**は特に十分な対策が必要になります。数論問題に関しては、**条件を書き出したりするなどして問題の意図を気付くための試行錯誤が必要**な場合もあります。落ち着いて、丁寧に処理をしていくようにして下さい。合格ラインとしては、併願受験の場合でおよそ 6 割、専願受験の場合はおよそ 5 割の得点が必要になります。男子受験生の場合は専願受験の方が入り易いですが、女子受験生の場合は偏差値上ではあまり変わりがありません。どちらにしても、かなりの難問が出題されることもありますので、難問を避け確実に正解出来るような問題を取っていくことが極めて大切であることは言うまでもありません。同時に、見たこともないような設定の問題を経験して**その場での発想力や思考力を養う訓練**をしておいて万全の状態で試験に臨むようにして下さい。

(注) ここで出てくる、専願志望者とは、他校を受験してもよいが、合格したら本校への入学を約束した人のことで、第一志望校であるならば迷わずこちらの受験パターンを選択したいところです。関西の試験の日程では 3 日目に入学試験が実施されるので、男子受験生の場合は他校と併願をかけたりする場合も考えられますが、女子の場合は最難関ということもあり、その限りではありません。

☞**解説**

(1)

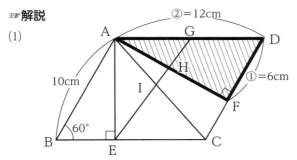

　上の図において、平行四辺形の向かい合う角が等しいので、角 ADF ＝ 60 度となる。このとき三角形 ADF は 30 度定規となるので、

　　AD：DF ＝ 2：1

　よって、DF の長さは、

　　②＝ 12cm

　　①＝ 6cm …（答）

→ 30 度定規の発見をする。問題に 60 度という条件が与えられているので、これを活用していくこと。問題作成者はむやみやたらに条件の設定をしないことを改めて確認しておくこと。

(2)

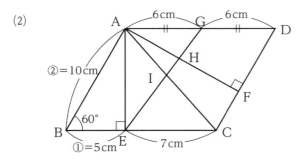

　(1) と同様にして、三角形 ABE についても 30 度定規となり、AB：BE ＝ 2：1 となることから、

　　②＝ 10cm

　　①＝ 5cm

　となり、EC ＝ 7cm となる。また、三角形 AGI と三角形 CEI は相似な三角形であることから、

　　GI：IE ＝ AG：CE

　　　　　　＝ 6：7 …（答）

→ 30 度定規の発見をする。ここでも、図がグチャグチャになることを防ぐために割合の印は同じだが先程とは別の意味で用いている。

→ 題意より、点 G は辺 AD の真ん中の点になることから、
　AG ＝ 6cm
となる。

(3)

　AF を F の方向に延長させた直線と、BC を C の方向に延長させた直線の交点を J とすると、以下の図のようになる。

→ 平行四辺形の中から、代表的な相似形 (ピラミッド型やクロス型など) が見つからない場合は**自分で相似形を作る**こと

上の図より、三角形 ADF と三角形 JCF は相似な三角形となるので、

　　AD : JC = DF : CF
　　　　　 = 3 : 2

となるので、JC の長さは、

　　③= 12cm
　　②= 8cm

よって、三角形 AGH と三角形 JEH は相似な三角形であることから、

　　GH : HE = AG : JE
　　　　　　 = 2 : 5

以上より、連比を用いて GH : HI : IE を求めると、

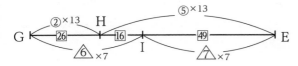

　GH : HI : IE = 26 : 16 : 49

となることから、GH : HI = 13 : 8 … （答）

→ (1) より、DF = 6cm ということがわかっているので、FC = 4cm ということがわかる。

→ (2) の問題で、BE = 5cm ということを求めているので、
　JE = EC + CJ
　　 = 7 + 8
　　 = 15cm
ということがわかる。

(4)

三角形 AHI の平行四辺形 ABCD に対する割合は、

$$三角形 AHI = \frac{16}{91} \times \frac{1}{4} \times 平行四辺形 ABCD$$

$$= \frac{4}{91} \times 平行四辺形 ABCD$$

となることから、

三角形 AHI：平行四辺形 ABCD ＝ 4：91 …（答）

→ 三角形 AHI の三角形 AEG に対する割合を求めた後、平行四辺形 ABCD に対する割合を求める。

演習問題 8-1　　解答は 179 ページ

(1)　図 1 の四角形 BCDE は平行四辺形で、AB：BC ＝ 2：3 が成り立っています。

図 1

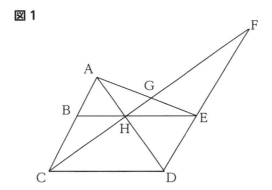

① DE と EF の辺の長さの比を最も簡単な整数の比で表しなさい。

② 三角形 CDH の面積は、三角形 EGH の面積の何倍になりますか。

(2)　図 2 のように角 A の大きさが 120 度、辺 BC の長さが 7cm の三角形 ABC があります。辺 AC の長さは辺 AB の長さより 2cm 長くなっています。三角形 ABC の面積は、1 辺の長さが 7cm の正三角形の面積の何倍ですか。

図 2

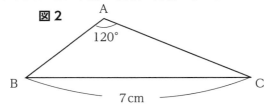

（渋谷教育学園幕張中）

演習問題 8-2　　解答は 182 ページ

右の図のように三角形 ABC の中に正方形が入っています。

(1)　二等辺三角形 ABC の底辺 BC の長さが
26cm、正方形の一辺の長さが6cm のとき、
二等辺三角形 ABC の面積を求めなさい。

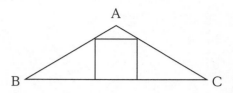

(2)　二等辺三角形 ABC の底辺 BC の長さが 40cm、高さが 15cm のとき、正方形の一辺
の長さを求めなさい。

（四天王寺中）

演習問題 8-3　　解答は 184 ページ

AD：BC ＝ 5：8 で辺 AD と辺 BC が平行な台形 ABCD において、辺 CD 上に点 P を取り、
BP と AC の交点を Q とします。このとき、四角形 AQPD と三角形 BCQ の面積が等し
くなりました。このとき、次の問いに答えなさい。

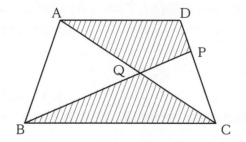

(1)　CD と PD の辺の長さの比を最も簡単な整数の比で表しなさい。

(2)　AQ と QC の辺の長さの比を最も簡単な整数の比で表しなさい。

(3)　三角形 ABQ と三角形 CPQ の面積比を最も簡単な整数の比で表しなさい。

（ラ・サール中）

例題9　下の図の正六角形 ABCDEF において、AF 上に点 G を取りました。三角形
　　　　BCG の面積と三角形 DEG の面積比が 12：13 であるとき、AG：GF を最も簡単
　　　　な整数の比で表しなさい。

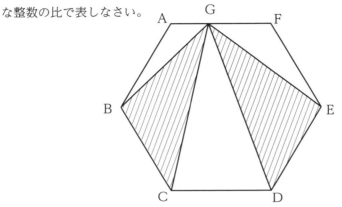

(東大寺学園中)

★コメント★

　例題 8 で扱った**平行四辺形と相似比・面積比に関する問題は、中学受験生の皆さんに
おいては、出題された場合は絶対に落としてはいけない問題**なのは先程述べた通りになり
ます。今後は過去問などを通して間違えないように、問題演習を繰り返していく必要があ
ると思います。それと同時に正六角形についても同様のことが言えます。この例題のよう
に特殊な考え方を要するものもごく稀に存在しますが、そのような問題は受験生にとって
は難問と呼ばれるもので、正答率なども低くなると思います。受験生である皆さんの心構
えとしては、**他の人が取れる問題を自分も同じように落とさないようにする**ことが極めて
大切です。みんなが出来ることを自分だけ出来ないとか、間違えるというのは恥ずかしい
ですよね。そのような姿勢で算数は学習することが大事です。闇雲に難問だけを追いかけ
るだけの学習では意味がありません。では、正六角形の問題についての臨み方なのですが、
基本的に易しい問題が多いので、正解を必ずするべき問題であるということです。そのた
めに、正六角形の分割について知らなくてはいけません。正六角形の分割の方法を確認し
ていきたいと思います。分割方法としては、**正六角形の 6 分割、18 分割、24 分割を出
来るよう**にしておけば間違いありません。その分け方について考えていくことにします。
また、36 分割などの分け方も可能ですが、それらの分け方は無理をして出来るようにな
る必要はありません。基本的に **18 分割、24 分割の図形の中にそれらが潜んでいる**よう
なケースばかりです。暗記一辺倒な学習だけは絶対避けるようにして下さい。

　では、正六角形の分割を考える前に最初に正三角形の分割方法を確認しておきたいと思います。以下の図1～2の正三角形について3分割、4分割を行ってみて下さい。

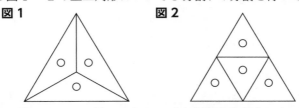

図1　　　　　　　　　　図2

　これはそこまで難しくないと思いますが、正六角形を分割する上でも基本になるので確実に定着をさせて下さい。特に図2の正三角形の4分割はあるゲームに出てくる図形でトライフォースと呼んでいます(笑)。これらを踏まえて、正六角形の分割について考えていきます。まずは、図3～5の正六角形を3通りの方法で6分割(面積の等しい6つの図形に分けること)を行ってみて下さい。

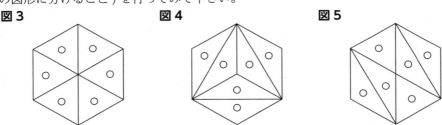

図3　　　　　　　　　図4　　　　　　　　　図5

　図3のような分け方は、チーズやチーズケーキなどにも利用されているのではないでしょうか。言われれば浮かんできて欲しいところです。次に18分割、24分割について考えていきたいと思います。図6～7の正六角形は18分割を2通りの方法で、図8の正六角形については24分割を行ってみて下さい。18分割は $\frac{1}{6} \times \frac{1}{3} = \frac{1}{18}$ となることから考えて、24分割は $\frac{1}{6} \times \frac{1}{4} = \frac{1}{24}$ となるようにして考えていきます。これを解釈すると、例えば18分割の場合は正六角形を6等分した後で、3等分するということを表しています。

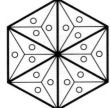
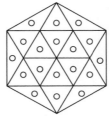
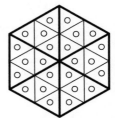

図6　正六角形の18分割①　　**図7　正六角形の18分割②**　　**図8　正六角形の24分割**

前ページの正六角形の分割方法より、正六角形の面積の割合は、右の図9のようになることも合わせて知っておくようにして下さい。様々な局面で用いることができてかなり便利です。では、まずはこの正六角形の分割を利用した問題から考えていくことにします。

図9

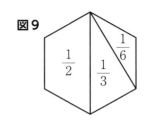

問1　下の図の正六角形の斜線部分の面積を求めなさい。ただし、正六角形の面積を 54cm² とします。

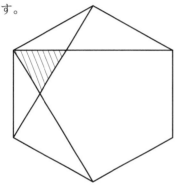

（四天王寺中・改）

問2　下の図の A 〜 F は円周を6等分する点で、三角形 ACE、DFB の面積が 180cm² であるとき、6つの点 A 〜 F を結んでできる正六角形の面積を求めなさい。

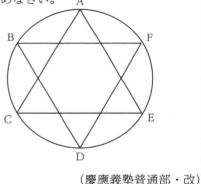

（慶應義塾普通部・改）

☞**解説**

問1

問題の正六角形を18分割すると以下の図になるので、

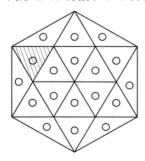

→ 正六角形の面積がらみの問題はまずは18分割、24分割を問題に施して様子を見る。この問題の場合は18分割の一部分がすでに問題として与えられていることに気付くことが大切。

よって、正六角形は影をつけた部分の面積の18倍 となるので

$$54 \times \frac{1}{18} = 3cm^2 \cdots （答）$$

問2

三角形 ACE、三角形 DFB は正三角形なので、9 等分すると以下のようになる。

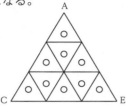

よって、構成する一番小さな三角形の面積は、

⑨ $= 180\,\mathrm{cm}^2$

① $= 20\,\mathrm{cm}^2$

また、正六角形 ABCDEF を 18 分割すると以下のようになるので、その面積は、

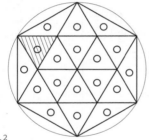

① $= 20\,\mathrm{cm}^2$

⑱ $= 360\,\mathrm{cm}^2$ …（答）

→ 正三角形はトライフォース型の分割方法に代表されるように、平方数分割することが可能。

●覚えておくべき平方数●	
1 ～ 10 までは九九なので略	
$11 \times 11 = 121$	$16 \times 16 = 256$
$12 \times 12 = 144$	$17 \times 17 = 256$
$13 \times 13 = 169$	$18 \times 18 = 324$
$14 \times 14 = 196$	$19 \times 19 = 361$
$15 \times 15 = 225$	$20 \times 20 = 400$
	$21 \times 21 = 441$

　正六角形がらみの問題は、この問題のように 18 分割や 24 分割にそのまま当てはめるだけで答えが出るものもかなり出題されていますので、正六角形の問題が入試で出題された場合はチャンスだと判断して下さい。**一定の難易度以上の中学校でも、このような出題傾向は実は変わりません**。その中でも、稀に補助線が必要なものや特殊な考え方を要する問題、他の分野との融合問題などとして登場することがあるので、このような場合は注意をすることを心掛けておけばいいでしょう。それでは、次の問題について見ていきましょう。開成中の入試問題になります。

問3　図1の二等辺三角形の面積は3cm²です。このとき、図2のような一辺が $a$cm の正六角形の面積を求めなさい。

図1

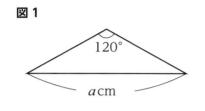

$a$cm

図2

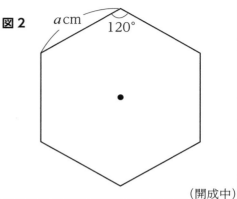

$a$cm
120°

（開成中）

☞**解説**

二等辺三角形を3枚重ねると図1のような、一辺 $a$cm の正三角形ができる。また、この正三角形を6枚重ねると図2のような求める正六角形を作ることができることから、

図1　　→　　**図2**

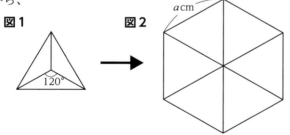

$a$cm
120°

→ 正三角形の3分割の考え方の逆になる

→ 3つの二等辺三角形が交わる点は円が外接する円の中心となる

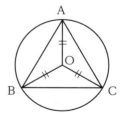

図1の正三角形の面積は、問題の二等辺三角形3個分になることから、その面積を求めると、

$3 \times 3 = 9\,\text{cm}^2$

また、図2の正六角形は図1の正三角形6個分になるので、その面積は、

$9 \times 6 = 54\,\text{cm}^2 \cdots$（答）

問4　下の図は、正六角形 ABCDEF の辺 AB を2等分し、辺 CD を4等分したものです。
　　このとき、四角形 BCNM と六角形 AMNDEF の面積比を最も簡単な整数の比で表しなさい。

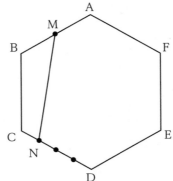

（麻布中）

☞**解説**

　下の図のように、点 C と点 M を結んだ図形を考える。

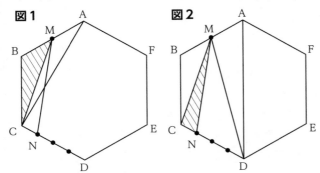

図1　　　　　　　　**図2**

→ そのままでは考えにくいので、四角形 BCMN を分割して別々に割合を求めていく

　図1のように、三角形 BCM の正六角形 ABCDEF に対する割合を考えると、

$$三角形 BCM = \frac{1}{2} \times \frac{1}{6} \times 正六角形 ABCDEF$$
$$= \frac{1}{12} \times 正六角形 ABCDEF$$

→ 三角形 ABC は6分割を用いると、正六角形 ABCDEF の $\frac{1}{6}$ となることがわかる

　次に、図2のような三角形 CMN について考えていくと、三角形 CMD の正六角形 ABCDEF に対する割合は、正六角形 ABCDEF から、台形 ADEF、三角形 ADM、三角形 BCM を引いたものになるので、それぞれの正六角

→ 等高三角形の全体に注目して解くという解答の方針を立てる。ここでは、三角形 CMN と三角形 DMN が当てはまる。

形 ADEF に対する割合を求めると、

$$台形\ ACEF = \frac{1}{2} \times 正六角形\ ABCDEF$$

$$三角形\ ADM = \frac{1}{3} \times \frac{1}{2} \times 正六角形\ ABCDEF$$

$$= \frac{1}{6} \times 正六角形\ ABCDEF$$

$$三角形\ BCM = \frac{1}{12} \times 正六角形\ ABCDEF$$

→ 正六角形 ABCDEF の面積の $\frac{1}{3}$ が三角形 ABD になることから

よって、三角形CMDは正六角形ABCDEFに対する割合は、

$$三角形\ CMD = \left(1 - \frac{1}{2} - \frac{1}{6} - \frac{1}{12}\right) \times 正六角形\ ABCDEF$$

$$= \frac{1}{4} \times 正六角形\ ABCDEF$$

→ 三角形 CMD の全体に対する割合は、正六角形 ABCDEF より台形 ADEF、三角形 ADM、三角形 BCM を引いたものになることより

次に三角形 CMN の六角形 ABCDEF に対する割合は、

$$三角形\ CMN = \frac{1}{4} \times \frac{1}{4} \times 正六角形\ ABCDEF$$

$$= \frac{1}{16} \times 正六角形\ ABCDEF$$

→ 等高三角形の全体に注目して解くという解答の方針を立てる。ここでは、三角形 CMD と三角形 CMN が当てはまる。

以上より、四角形 BCNM の全体に対する割合は、

$$四角形\ BCNM = \left(\frac{1}{12} + \frac{1}{16}\right) \times 正六角形\ ABCDEF$$

$$= \frac{7}{48} \times 正六角形\ ABCDEF$$

となることから、四角形 BCNM：六角形 AMNDEF は、

四角形 BCNM：六角形 AMNDEF ＝ 7：41 …（答）

　関西では灘に次ぐ位置にいるといっても過言ではない東大寺学園は、関西学研都市の北端に所在し、校舎から東大寺大仏殿や興福寺五重塔を望むことができる男子進学校です。立地も良く近隣の府県より通学者がいます。東大寺が運営しているので宗教的な色合いが多く厳格であると思われがちですが、そんなことはありません。自由な校風で、制服などもなく伸び伸びとした雰囲気です。教育の柱は『基礎学力の重視』『進取的気力の育成』『豊かな人間性の形成』で、授業内容は学力レベルの高い生徒の更なる高みと深さを追求する内容となっています。以前は、英数国よりも理社に力の重点を置くと言われてきたが、これは総合学習を通じて英数国の基礎学力も伸ばしていくという発想の元で行われています。す。これは東大寺学園の個性的な名物講師の賜物だと言われています。また、試験日の日程から、灘との併願で受験するパターンが多いものとされています。東大、京大、国公立

医学部の進学に確かな実績を残している進学校です。

　算数の入試問題の出題分野はある程度決まっており、**平面図形、立体図形、速さに関する問題、数論問題**については大問からの出題となります。その他の分野は大問 1 での小問集合問題での出題になります。しかし、大問 1 から、問題のリード文が長い場合が多いので、**問われていることを読み取る能力（国語力）**が必要になります。逆に考えると、問題文が長いということは、その中に**ヒントが数多く書かれている可能性が高い**ということにもなるので、問題文のヒントになりそうな部分には〇などの印を書き入れて条件の見落としを防ぐなど工夫を施していって下さい。問題の設定は複雑な場合も考えられますので、**問題の問われている意図などに気付くための試行錯誤や思考力**は必須となります。その上で取れる問題を確実に正解していく必要があります。大問 1 でも油断することは出来ませんので、日々の典型問題演習を欠かさず行い、リード文が長めの問題にチャレンジして思考力を養うような学習を進めていって下さい。先述の大問で出題される分野は年度により偏りがあることも少なからず見受けられますので、**満遍なく全ての分野の演習を行い穴がないような状態を作り出していくこと**が大切です。入試問題の難易度は年によりバラつきがありますので、易化される年や難化される年がありますが、6.5 ～ 7 割程度を目標にして、確実な合格ラインを確保して欲しいと思います。

☞**解説**

　下の図のように正六角形の辺 AF を延長させて、辺 CB を B 方向に、辺 DE を E 方向に延長させたときの交点をそれぞれ PQ とする。また、点 G から PB、QE に垂線を下ろして、PB、QE との交点をそれぞれ H、I とすると、以下の図のようになる。

→ この補助線が引けるかがカギとなる。正六角形は以下のような補助線の引き方があることを知っておくとよい。

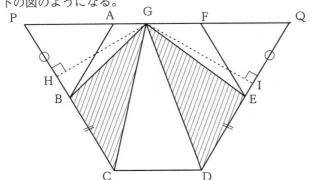

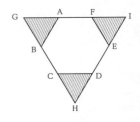

三角形 BCG と三角形 DEG の面積比は、BC ＝ DE となり底辺の長さが等しいので、GH と GI の比に等しくなるので、

$$GH : GI ＝三角形 BCG : 三角形 DEG$$
$$＝ 12 : 13$$

よって、三角形 BPG と三角形 EQG において、BP ＝ EQ となることから、その面積比は、

$$三角形 BPG : 三角形 EQG ＝ GH : GI$$
$$＝ 12 : 13$$

点 B、E から PQ に垂線を下ろして、PQ との交点をそれぞれ R、S とすると、以下のようになる。

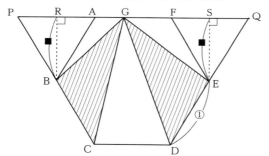

このとき、BR ＝ ES となり、高さが等しい三角形となるので、

$$PG : GQ ＝△ BPG : △ EQG$$
$$＝ 12 : 13$$

ここで、正六角形 ABCDEF を作る 1 辺を①とすると、PQ ＝③となるので、

$$AG ＝③×\left(\frac{12}{25}\right)－①$$
$$＝\left(\frac{11}{25}\right)$$
$$GF ＝①－\left(\frac{11}{25}\right)$$
$$＝\left(\frac{14}{25}\right)$$

以上より、AG : GF は、

$$AG : GF ＝ 11 : 14 \cdots（答）$$

→ これは、高さの比を
　面積比÷底辺の比
となることに注目して求めている。底辺の比が一定なことより、
　高さの比＝面積比
となる。

→ ここでは、高さの比が等しいので、
　底辺の比＝面積比
となることを利用している。

演習問題 9-1　　解答は 187 ページ

右 の 図 は、 面 積 が $10\,\text{cm}^2$ の 正 六 角 形 ABCDEF の各辺を、AB：AG ＝ 1：2 のように それぞれ 2 倍に延長して、六角形 GHIJKL を作ったものです。このとき、六角形 GHIJKL の面積を求めなさい。

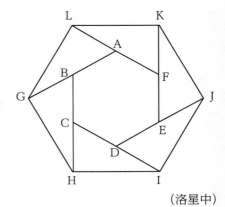

（洛星中）

演習問題 9-2　　解答は 188 ページ

右の図のような、一辺の長さが 2cm の正六角形 ABCDEF があります。この正六角形の辺上を 2 点 P、Q が移動します。点 P は点 A を出発して、毎秒 2cm の速さで A → B → C と移動します。また、点 Q は点 D を出発して、毎秒 1cm の速さで D → E と移動します。このとき、次の問いに答えなさい。

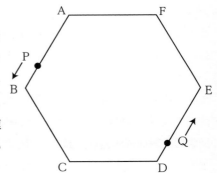

(1)　2 点 P、Q が出発して 1 秒間は、直線 AD と直線 PQ は常にある点 X で交わります。点 X はどこにあるのかを式や言葉を使って説明しなさい。

(2)　2 点 P、Q が出発して 1 秒間で、正六角形 ABCDEF 内で直線 PQ が通過した部分の面積は正六角形 ABCDEF の面積の何倍ですか。

(3)　2 点 P、Q が出発して 1.5 秒後のとき、四角形 CDQP の面積は正六角形 ABCDEF の面積の何倍ですか。

(4)　2 点 P、Q が出発して 1.5 秒後のとき、直線 PQ と直線 BD の交点を Y とします。このとき、BY：YD を最も簡単な整数の比で表しなさい。

（聖光学院中）

例題 10　光はまっすぐに進み、鏡に当たると、当たった角度と同じ角度ではねかえります。いま、下の図の点 P から、図のように出た光が鏡に当たってはねかえりながら進むとき、上下の鏡に合計何回当たりますか。

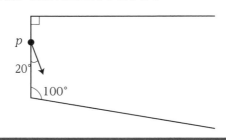

（西大和学園中）

★コメント★

　光の反射に関する問題になります。この問題は苦手だなという人が多いかもしれません。では、その理由は一体何なのか？を少し探っていきたいと思います。具体的に意識して欲しいポイントは 2 つです。

　まず、反射という言葉で理科が嫌いな人は構えてしまうかもしれません。しかし、算数の問題で理科的な知識はいらないというのは知らないかもしれません。そうなんです。こ**の反射の問題は理科的な知識を一切必要としない問題**なのです。複雑な知識は全く必要としませんし、反射のルールも問題文に書いてあります。よく読めば、入射角と反射角が等しいというのはわかるようになっています。つまり、**問題文の精読が極めて重要**ということになります。この問題は算数の問題として出題されているので、理科的な知識を入れることはまずありえません。しかしながら、図形問題が得意な人は物理も得意というのは事実ではあります。図中に様々なことを書き込んで解いていくという意味では似ていることは何となく想像できるのではないでしょうか。

　要するに、**問題文をよく読んで意味を理解すれば解決**することです。これは算数だけの話ではなく、四科目全てに言えることなので問題をよく読み落とす場合は強く意識をするようにして下さい。次のポイントが大切で反射の問題を解くための最大のポイントは、**反射する状況を正しく捉えて、それを図に整理すること**ができるかということになります。これは速さの問題のダイヤグラムなどと同様の考え方になります。

　こちらの例題に関しても、まずは問題を用いて慣れていくことから始めていきましょう。以下の問題を解いてみて下さい。

問1　角 A が 50 度で、辺 AB と辺 AC の長さが等しい二等辺三角形があります。いま、下の図1のように頂点 B を出た光が辺 AC と辺 AB で反射して、辺 BC 上の点 F に届きました。このとき、角 CFD の大きさは 120 度になりました。このとき、角アの大きさを求めなさい。ただし、反射とは、下の図2のように角度が等しくなる性質があります。

図1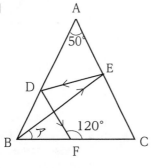

図2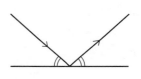

（須磨学園中）

 解説

　問題の条件の通り、角度が等しくなる部分に印を付けたものが、以下のような図になる。

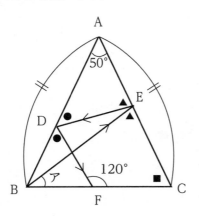

→ **角度の問題は戦略的に考えることが大切。**等しい辺や角に印を付けて、どこを求めればいいのかを見当を立ててから問題を解いていくこと。

前ページの図において、●、▲、■の角度をそれぞれ求めると、

$$■ = (180 - 50) ÷ 2 \qquad ● = 120 - 65$$
$$= 65 \qquad\qquad = 55$$
$$▲ = 180 - (55 + 50)$$
$$= 75$$

よって、三角形 BCE の内角の和に注目して、

$$ア = 180 - (75 + 65)$$
$$= 40 度 … （答）$$

→ 三角形の内角の和、三角形の内角・外角の和の関係を用いて角度を求めていることを確認

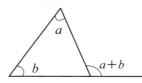

☞ 別解

光は直進をする性質をあることを利用して、三角形 ABC を折り曲げて考えると、以下のようになる。

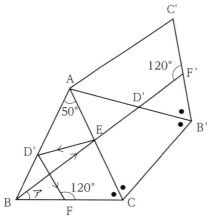

→ 光の性質を考えると、**光は基本的に最短距離を進む（屈折は除く）**ので、折れ曲がっている線を直進する性質を利用している

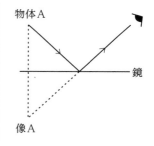

三角形 ABC は二等辺三角形であることから、●の角度は、

$$● = (180 - 50) ÷ 2$$
$$= 65$$

四角形 BCB'F' の内角の和に注目すると、アの角度は、

$$ア = 360 - (60 + 65 × 4)$$
$$= 360 - (60 + 260)$$
$$= 40 度 … （答）$$

問2　下の図のように一辺の長さが5cmの正三角形があります。点Pは頂点Aから
　　　出発し、最初に辺BCのBから2cmの点ではねかえり、その後も正三角形の辺で
　　　はね返り続けて、頂点のどれかに到達すると止まります。このとき、次の問いに答
　　　えなさい。

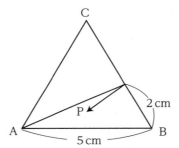

(1)　点Pが3回目にはねかえる点は辺AC上の点Aから何cmのところですか。

(2)　点Pは正三角形の辺で何回はねかえり、どの頂点で止まりますか。

（久留米大附設中）

☞**解説**

(1)

　　点Pがはねかえる様子を作図して、1回目にはねかえる
点をP、2回目にはねかえる点をQ、3回目にはねかえる
点をRとすると、以下のようになる。

→ 折り返す図を作図する場合
において、三角形の残りの
2点が出ているので、残り
の点は簡単にわかる

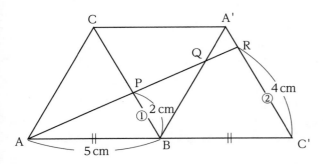

前ページの図において、三角形 ABP と三角形 AC'R は相似な図形なので、

PB：RC' = AB：AC'
$\qquad$ = 1：2

となることから、辺 C'R の長さは、

①= 2 cm

②= 4 cm

以上より、辺 A'R の長さは、

A'R = 5 − 4
$\qquad$ = 1 cm … （答）

(2)

(1)より、点 P は正三角形の辺と 2 cm、4 cm、6 cm…と 2 の倍数ごとに交わるので、三角形の頂点と交わるのは 2 と 5 の最小公倍数である 10 cm のところになることがわかるので、折り返した図にしていくと、以下のようになる。

→ 前問の結果を利用して次の問題の答えを出していく。ここでは反射する辺の長さに規則があることに気付くことが大切。

→ 立体図形の展開図と同じように折り返した図形の頂点を把握することが極めて重要になる

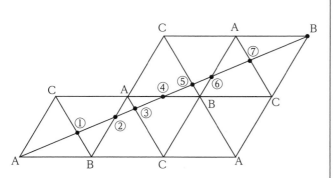

上の図より、はねかえる回数と交わる頂点は、

7 回はねかえり、頂点 B で交わる … （答）

　以上のように、反射の問題は**図を折り返して作図**をしていくことが大切になります。この問題を通して伝えたかったことは、**図形を作図することが図形問題では極めて大切**であるという当たり前のことになります。図形の移動の問題や水槽の中に水を入れていくような問題を解くには変化の様子を的確に捉えた上で作図をすることが大切になることを改めて確認しておきます。それでは、例題の解説を見ていくことにします。

　今回の例題の出題元の、西大和学園中についてお話をしていきます。奈良県の中学受験生は大阪府や京都府、兵庫県（当時は兵庫までのアクセスは悪く現実的ではなかったかもしれません）の私立進学校・兵庫の進学校を選択する受験生が多いことから昭和 61 年に設立された比較的新しい学校で、平成 26 年より中学校も共学化しました（高校は当初より男女共学でした）。都内で県外入試を行う関西の難関校です。同じ奈良県にある東大寺学園が自由な校風を取っているのに対して、西大和では進学を目的として特化したきめ細かい指導を行っています。それとともに農家での生活体験などの自己啓発にも力を入れた教育なども取り入れています。過去には京大合格者数を増やすために合格ラインの低い学部に多く誘導して批判されたこともありますが、現在は東大 30 名、京大 60 名ほどの実績を出しています。帰国子女などの積極的な受け入れや、文部科学省の SSH（スーパーサイエンスハイスクール）・SGH（スーパーグローバルハイスクール）に指定されており、様々な教育を行っていて、一流大学の合格実績のみを追う学校ではなくなっています。

　算数の入試問題は難易度の高い問題はあまり出題されずに標準問題・典型問題から構成されており、得点可能な問題の見極めが大切になります。また大問は、**算数の問題特有の前の設問の結果を用いて、次の設問の答えを出していく問題**が多く出題されていますので、**わからなくなった場合は前の設問に戻ることも大切**です。**場合の数は毎年出題**されていますので対策が必要な分野になり、**出題形式が決まっていますので対策が立てやすい**でしょう。合わせて、**割合に関する問題**の出題も頻出といえますので、演習量を増やすよう意識することを心掛けて下さい。合否を分ける問題として挙げられるのが、**図形問題**になります。出題の割合も高く、全体の 30％を占めています。特に、立体図形を中心に確認をしておいて下さい。**算数が苦手な場合は前半の小問集合問題でいかに失点をなくすか**を心掛けていって下さい。難問は 1 題出題されますが、大切なのはそれ以外の取れる部分を確実に得点することです。合格点の目安としては 6 割になります。日頃からの典型問題演習がカギを握る学校になるでしょう。算数の得点で大きく差が開く学校なので、算数を苦手ではない状態にしておいて下さい。

☞解説

下の図のように、光が鏡に反射する様子を作図する。

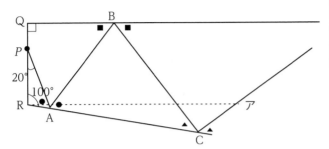

→ 反射を続けると思うかもしれないが、以下の図のように上の鏡と平行になるように進んで行けば反射はしなくなる。

上の図において、三角形 PRA の内角の和に注目して、●の角度を求めると

$$● = 180 - (20 + 100)$$
$$= 60$$

同様にして、四角形 QPAB の内角の和に注目して、■の角度を求めると、

$$■ = 360 - (90 + 60 + 160)$$
$$= 50$$

また、三角形 ABC の内角の和に注目して、▲の角度を求めると、

$$▲ = 50 \times 2 - 60$$
$$= 40$$

→ 三角形の内角・外角の和を少し応用した形で求めている

以下は同様にして角度を求めると、30 度、20 度、10 度となる。

また、上の図において、点 R を通り上の鏡と平行な直線をアとすると、アと下の直線の作る角は、

$$100 - 90 = 10 度$$

となり、10 度で反射するときに平行になり、鏡に反射することはなくなるので、6 回反射したときになる

… （答）

☞別解　反射の図を作図する方法

下の図のように、光が鏡に反射する様子を作図する。

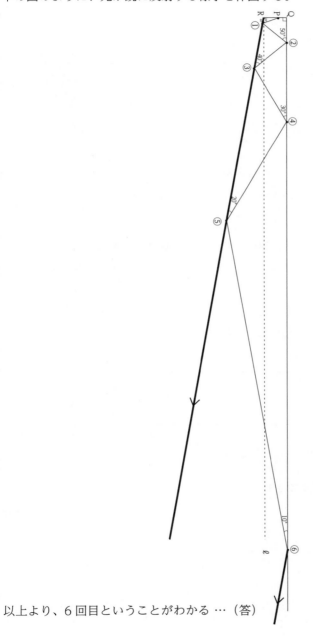

以上より、6回目ということがわかる … （答）

演習問題 *10-1*　　解答は 194 ページ

縦 80cm、横 18cm の長方形の
板があり、その横の部分に図のよ
うに反射板をつけます。

辺 AD 上には AE = DF = 4cm
となるように 2 点 E、F をとり、
辺 BC 上には BG = GH = HC =
6cm となるように 2 点 G、H を取
ります。

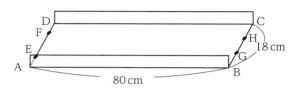

いま、2 点 E、F の間（両端の E、F も含める）から辺 AB か辺 DC のいずれかの反
射板で 1 回だけ反射するように光を発射して、光が 2 点 G、H の間 (両端の G、H も含
める) を通るようにします。

(1)　点 E から光を発射したとき、光を反射させる点の位置は辺 AB 上で A からみて何cm
から何cm の間になりますか。

(2)　光を発射させる点をいろいろ変えたとき、光の通る範囲を下図に斜線で示しなさい。
　　ただし、答えを求めるのに使った線は消さずに残しておくこと。

(3)　(2)で求めた範囲の面積を求めなさい。

（駒場東邦中）

演習問題 10-2　　解答は 200 ページ

　光が鏡を反射するときは、図 1 のように角⑦と角④の大きさが等しくなります。

　図 2 は、2 枚の鏡 OX、OY で、光が何回も反射する様子を表しています。1 回目に反射する点が P、2 回目に反射する点が Q です。4 回目に反射する点が、反射する点のうちで O に最も近い点となるとき、角⑦の大きさの最も大きい角度と最も小さい角度をそれぞれ求めなさい。ただし、O に近い点は 2 個以上あってもよいものとします。

図1

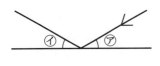

図2

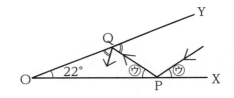

（灘中）

演習問題 10-3　　解答は 201 ページ

　光が鏡を反射するときは、図 1 のように角⑦と角④の大きさが等しくなります。

　図 2 は、3 枚の鏡 AB、BC、CA で、何回も反射しながら同じ経路を繰り返し進む光の様子を表しています。このとき、角⑦の大きさを求めなさい。

図1

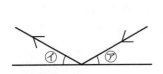

図2

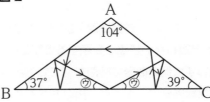

（灘中）

例題11　図のような正方形の紙 ABCD があります。この紙を、点 C が辺 AD の真ん中の点にぴったりと重なるように折り、折り目の直線を作ります。

折り目の直線が辺 AB と交わる点を点 E、辺 CD と交わる点を点 F とします。このとき、次の問いに答えなさい。

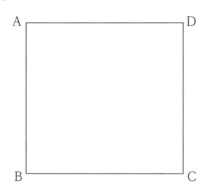

(1)　上の図に定規とコンパスを用いて点 E と点 F を作図しなさい。また、作図した点 E の近くに記号「E」を、点 F の近くに記号「F」を書きなさい。ただし、定規は直線を引くためだけに使い、作図に用いた線は消さずに残しておくこと。

(2)　正方形の一辺の長さが 2 cm のとき、CF の長さを求めなさい。

（渋谷教育学園幕張中）

★コメント★

　この例題は、中学入試では出題している学校とそうでない学校とはっきり分かれる作図問題です。また、作図問題は出題されない学校の方が多く全国的に見てもそれが顕著であると言えます。ですから、**作図問題を出題する学校を受験する場合は取り組んでみて下さい。作図問題を出題しない学校を受験する受験生は、受験までの時間がない場合はこのページの問題は扱わずに他の問題に時間を当てて下さい**。なお、今回の出題元の渋谷教育学園幕張では毎年出題されていますが、出題してくるのはここ数年間では**第2回試験のみ**であることも知っておいて下さい。この本の読者の皆さんで都内や神奈川、埼玉に在住している受験生の方で渋幕の第1回入試を受験する方が多いと思います。しかし、過去には第1回入試での出題実績もありますので、絶対ではないことも受験生の皆さんならばわかると思います（第1回入試では 2014 年まで出題されていました）ので、出題されてもいいような状態に仕上げていくようにして下さい。

　では、作図の方法について解説していきます。ほとんどの私立中学校ではカリキュラムを『代数』『幾何』に分けて授業を行っています。代数というのは方程式や不等式などに代表されるように、**算用数字の代わりに文字を用いて計算する学問**のことです。また、幾何とは**図形や空間の性質について研究する学問**のことで、簡単に言うと図形のことです（笑）。これから扱う作図問題は、この幾何分野の最初に学習する単元になり、中学受験生ならば理解出来る内容であるからこそ出題してくる学校があるのではないでしょうか。

　では、作図問題を考える際に極めて重要な知識を最初に聞きたいと思います。作図問題はこれを知っていれば実は本質を理解した上で、解くことが出来る知識になります。それは以下の通りになります。

「円とはなんですか？」説明しなさい。

と聞かれたら何と答えますか？　例えば、『丸とか』『中心があって、そこから丸を書いたもの』とか様々な答えが予想されます。当然ですがこれは正解ではありません。これは私のいままでの経験の中でも初めて質問して答えられた人はほぼいません。ですから、わからないのが当然と考えてしまっていいと思います。これに関しては結論から言ってしまいますと、

円とはある点から等しい距離にある点の集合

であるということです。まず、点が集まって直線になることは知っておいて下さい。例えば、飛行機などに乗って、地上に人が10列くらいで100000人並んだとします。これを飛行機の機内から眺めたら、下には黒い線が見えるのではないでしょうか（飛行機の高度は適度なものとして考えて下さい）。このように、**直線というのは点の集まり**であることを知っておいて下さい。それがある点から等しい距離にある点を集めた場合、その形（軌跡）は円になるということです。ここでいうある点とは、**円の中心**になることは気付いているのではないでしょうか。それを書くために必要な文房具がコンパスになります。つまり、コンパスは、

ある点から等しい距離にある弧を作図するための道具

ということになります。ここまでをまとめておきます。

解答の指針　作図問題
　① **円とは？→ある点（円の中心）から等しい距離にある点の集合**
　② **コンパスの役割→ある点から等しい距離（弧）を作図するための道具**

　以上を踏まえて、作図を出題する学校を受験する受験生が知らなくてはいけない作図方法を2つ紹介しておきます。いつもの通り、問題を用いて解説をしていきます。以下の問題を見て下さい。どちらも創作問題になります。

問1　線分 (点と点を端とする直線の一部分のこと) を二等分する線で、線分の真ん中を通り、線分に垂直な直線のことを垂直二等分線といいます。

　　右の図のような三角形 ABC において、次の問いに答えなさい。ただし、定規は直線を引くためだけに使い、作図に用いた線は消さずに残しておくこと。

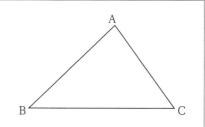

(1)　辺 AB の垂直二等分線を作図しなさい。

(2)　辺 BC の真ん中の点 M を作図しなさい。

（創作問題）

☞**解説**

(1)

　問題にもありますが、垂直二等分線とは、その線分の真ん中を通り、線分に垂直な直線になります。

　コンパスはある点から等しい距離にある点を作図するためのものであることから、以下のように作図をする。

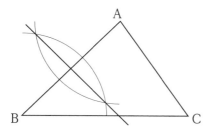

→ 垂直二等分線を作図すると以下のようになる。

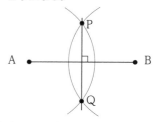

① 点 A から等しい距離にある点を作図する。
　（A から等しい距離にある弧）
② 点 B から等しい距離にある点を作図する。
　（B から等しい距離にある弧）
③ ①、②の交点をそれぞれ P、Q とするとき、点 P、Q は点 A、B から等しい距離にある点の集まりとなる。
④ 2 点 P、Q を結ぶ。

　作図の流れは以下の通りになります。線分 AB を水平な位置に変えて考えていく。

【手順①】点 A から等しい距離にある点の集合を作図。

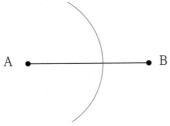

→ 点 A から等しい距離にある弧を作図する。

【手順②】点 B から等しい距離にある点の集合を作図。

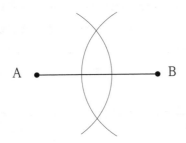

→ 点 B から等しい距離にある弧を作図する。この場合は、コンパスの幅はそのままにしておくことに留意すること。コンパスの幅を変えてしまうと、**点からの距離が変わってしまう**ので注意をすること。

【手順③】手順①、②の交点をそれぞれ P、Q とするとき、点 P、Q はそれぞれ点 A、B から等しい距離にある点の集まりとなるので、2 点 P、Q を結ぶ。

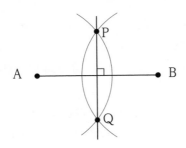

→ このとき、点 P または点 Q と点 A、B を結ぶと、三角形 PAB は PA＝PB の二等辺三角形になる。

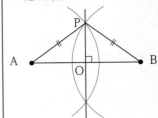

(2)

(1)と同様にして作図すると以下のようになる。

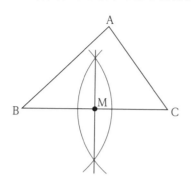

→ 作図の流れは以下の通りになる。
① 点 A から等しい距離にある点を作図する。
② 点 B から等しい距離にある点を作図する。
③ ①②の交点をそれぞれ P、Q とするとき、点 P、Q は点 A、B から等しい距離にある点の集まりとなる。
④ 2 点 P、Q を結ぶ。

　以上が垂直二等分線の作図方法になります。**円という図形の性質を理解していればスムーズに理解**出来たのではないでしょうか。垂直二等分線は**点と点から等しい距離にある点の集合を作図**することが出来ます。それを書くことにより、**点と点の真ん中の点や 90 度の作図**をすることが出来ます。では、ここで垂直二等分線の性質についてまとめておくことにします。

解答の指針　作図問題（垂直二等分線）

① 垂直二等分線は、線分の真ん中の点や垂直な 2 つの直線を作図することができるもので 90 度の作図をすることも可能

② コンパスの役割→ある点から等しい距離（弧）を作図するための道具

　垂直二等分線はこのような使い方をします。中学入試では 2 点からの等しい距離にある点を作図することを中心に出題されていますので、真ん中の点などと聞かれた場合に即座に反応出来る様にしておくといいでしょう。これを応用すれば正三角形の作図や正六角形の作図なども出来るので、考えてみて下さい。

　作図問題を解くのに必要なツールとしては、この垂直二等分線の作図以外に、角の二等分線の作図というのもあり、これも習得しておいて欲しい作図方法になります。読んで字のごとく、角度を二等分するための作図方法になります、これにより、先程の垂直二等分線と合わせることにより 45 度の作図なども可能になります。

問2　角を二等分する直線のことを角の二等分線
　　　といって、作図によって求めることが可能です。
　　　　右の図のような三角形 ABC において、次の
　　　問いに答えなさい。ただし、定規は直線を引く
　　　ためにだけに使い、作図に用いた線は消さずに
　　　残しておくこと。

(1)　角 ABC の二等分線を作図しなさい。

(2)　角 BAC の二等分線と辺 BC の交点 X を作図しなさい。

（創作問題）

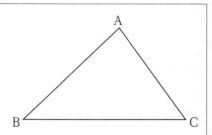

☞ 解説

(1)

　　問題にもありますが、角の二等分線とは、1 つの角を等
しく分ける直線のことで、辺から等しい距離にある点の集
まりです。

　　コンパスはある点から等しい距離にある点を作図するた
めのものであることから、以下のように作図をする。

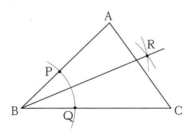

　　同様にして、作図の流れを追っていきます。

【手順①】点 B から等しい弧を作図して、BA、BC との交
点をそれぞれ P、Q とする。

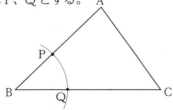

→ 角の二等分線を作図すると
　以下のようになる。

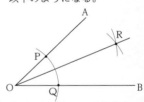

① 点 O から等しい距離にある
　2 点を作図する。
　（O から等しい距離にある弧）
② ①で書いた弧と OA、OB と
　の交点をそれぞれ P、Q と
　する（このとき、OP = OQ
　となる）
③ P、Q から等しい距離にある
　点の集合（弧）を作図する。
　このとき、2 つの弧の交点
　を点 R とする。
④ 2 点 O、R を結ぶ。

→ 角の二等分線を引くためには
　点 O と**もう 1 つの点**が必要
　になる。その点は辺から等し
　い距離にある点でなければ
　ならない。

【手順②】2点P、Qから等しい距離にある点Rを作図する。

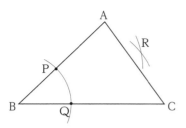

→ 2点P、QはBから等しい距離にある点になるので、この2点から等しい距離にある点は、同じ条件にすれば辺BA、辺BCからも等しい距離にある点になる。

【手順③】点Rは辺BA、辺BCから等しい距離にある点になるので、2点B、Rを結ぶ。

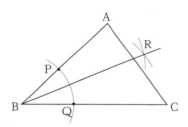

(2)

(1)と同様にして作図すると以下のようになる。

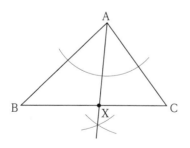

→ 作図の流れは以下の通りになる。
　① 点Bから等しい距離にある弧を作成する。
　② ①で書いた弧と辺AB、ACの交点をそれぞれP、Qとする。

　角の二等分線は念のために知っておけばいい程度なので、中学受験ではあまり必要がないことが多いですが、この2つの作図を知っていればどのように出題されても対応できます。後は、垂直二等分線、角の二等分線の本質を理解した上で志望校の過去問に取り組んでみて下さい。

☞**解説**

(1)

　点 C が辺 AD の真ん中の点に重なるので、点 A、D の
垂直二等分線を作図して、点 M を求める。

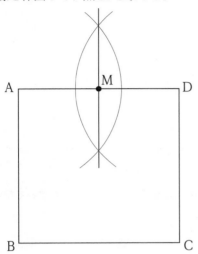

→　作図問題の解法としては、いきなり作図を始めるのではなく、答えがどのような形になるのかをある程度把握した上で問題を進めていく方が安全に答えを求められます。ですから、最初に答えの下書きみたいな図を作図してから取り組んでみる方がよい。

　このとき、点 C と点 M はある直線を対称の軸として線対
称な点になっているので、折り目の直線は点 C と点 M の垂
直二等分線となるので、作図をすると以下のようになる。

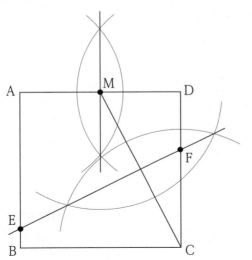

→　折り曲げ問題で、折り曲げた図形の前と後の点を結ぶと、折り曲げた線と垂直になる。

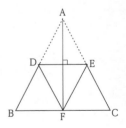

　上の図において、DE で折り曲げて点 A が点 F に重なったとすると、AF と DE は垂直となる。

(2)

作図に用いた線を消して、以下のように整理して考える。

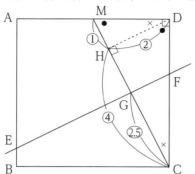

→ 辺の長さを求める問題は相似な図形を利用することが多い。合わせて代表的な相似型も確認しておくこと。ここでは、3つの相似形を含む直角三角形に注目している。

いま、点DからCMに垂線を引いて、その交点をHとし、EFとMCの交点を点Gとする。このとき、三角形CDMと三角形CHDと三角形DHMは相似な三角形となるので、

$$MH : DH = DH : CH = MD : CD$$
$$= 1 : 2$$

が成立する。このとき、MH =①とすると、

DH =②、HC =④

→ 作図に用いたCMは残しておかないとかなり厳しい問題になる。難関校の算数の特徴の**前問の結果を用いる形式の問題**になる。

となる。また、点GはCMの真ん中の点になるので、

GC =②.5

→ 比を丁寧に捉えて求めること。

次に、三角形CDHと三角形CFGは相似な三角形となることから、

$$CD : CF = CH : CG$$
$$= ④ : ②.5$$
$$= 8 : 5$$

以上より、

⑧= 2 cm

⑤= $1\frac{1}{4}$ cm … （答）

定規、コンパスを持ち込んでいい学校を受験する場合、**垂直二等分線は書けるようにしておきたい**ところです。では、他校の入試ではどのように出題されいるのか見てみましょう。

演習問題 11-1　　解答は 204 ページ

　半径 3cm の円板 A、B があります。右の図のように円板 A が円板 B の円周にそって、(あ) の位置から矢印の向きにすべらず回転して、(い) の位置まで動きました。このとき、次の問いに答えなさい。ただし、円周率は 3.14 とします。

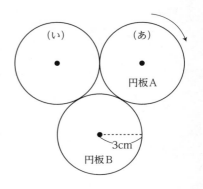

(1)　右の図に、コンパスと定規を使って、円板 A が通った部分の面積を斜線で示しなさい。

(2)　(1)の斜線部分の面積を求めなさい。

（雙葉中）

演習問題 11-2　　解答は 205 ページ

　右の図のように点 O で交わる 2 直線ア、イと点 A があります。このとき、次の問いに答えなさい。ただし、定規の角を利用して直角を作図してはいけません。また、作図の途中で書いた線は消さずに残しておくこと。

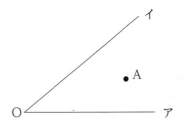

(1)　直線アを折り目として折ったとき、点 A と重なる点を B とします。点 B を図中に作図しなさい。また、決めた点 B のすぐ近くに記号 B を書きなさい。

(2)　(1)で作図した図を利用して、三角形 APQ の周囲の長さが最も短くなるように、直線ア上に点 P を、直線イ上に点 Q を作図しなさい。また、決めた点 P のすぐ近くに記号 P を、決めた点 Q のすぐ近くに記号 Q を書きなさい。

（渋谷教育学園幕張中）

例題 12　下の図のように 1 辺の長さが 4 cm の正方形 5 つからできた図形があります。この図形の周りを、半径 1 cm の円が辺から離れずに回転し、この図形の外周を 1 周します。このとき、円が通過した部分の面積を求めなさい。ただし、円周率を用いるときは 3.14 としなさい。

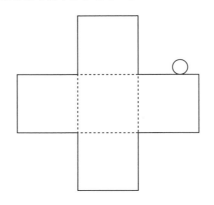

（桜蔭中）

★コメント★

　今回の平面図形に関する問題として取り上げる代表的な問題はこの問題で最後になります。しかし、紙面の都合で今回は紹介しきれていない問題も少なからずありますので、それはまた別の機会で行わせて頂ければと考えております。

　今回は図形の周囲を円が回転する問題です。図形の移動の得点が安定しないという人は多いかもしれませんが、それはやはり解法に問題があることが多いと考えます。図形の移動の問題は**図形の動いた軌跡を作図**した上で、指定された部分の面積を求める問題になります。まず、図形の作図を丁寧にやることを心掛けて下さい。作図を丁寧に行わないと図形の通過する部分と通過しない部分が明らかにならず、その部分を足し忘れたり、引き忘れたりするミスが目立ちます。これ自体は演習量を増やすことによりカバーすることは可能です。どうしても苦手ならば演習量を増やすことで問題の出題の形式に慣れてしまうことが早いと思います。やはり**図形問題は丁寧な作図を施して解いていくことが何よりも大切である**ということです。この例題に関しても、まずは関連する類題の解法から見ていくことにします。

問1　下の図のように、正方形 ABCD の点 D を中心として、60 度回転させたところ
正方形 A'B'C'D になりました。このとき、斜線部分の面積は正方形 ABCD 内にあ
る円の面積の何倍になりますか。

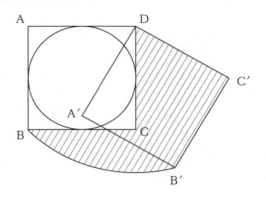

（洛南高校附属中）

☞解説

正方形 ABCD の内部にある円の半径を□とすると、そ
の面積は、

　　□×□× 3.14

また、正方形 ABCD、正方形 A'B'C'D の対角線である
点 B と点 D、点 B' と点 D を結ぶと以下の図のようになる。

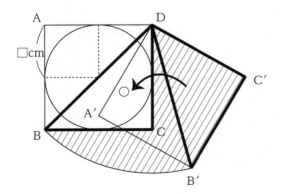

→ おうぎ形 BB'D の半径に相当
する部分は必ず作図をして、
視覚的に捉えやすくするよう
に工夫をすること

このとき、三角形 B'C'D と三角形 BCD は合同な三角

形であることから、おうぎ形 BB'D の面積を求めればよいので、半径×半径は下の図と同じになるので、

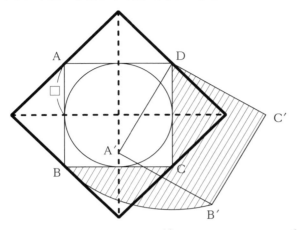

→ 三角形 B'C'D と三角形 BCD がそれぞれ正方形 A'B'C'D と正方形 ABCD の半分になっていることから、その面積が等しいことがわかる

→ 半径×半径に相当する部分は左の図より、正方形 ABCD の面積の2倍であることがわかる

$$\square \times 2 \times \square \times 2 \times 2 \times 3.14 \times \frac{60}{360} = \square \times \square \times 3.14 \times 1\frac{1}{3}$$

以上より、

$$\left(\square \times \square \times 3.14 \times 1\frac{1}{3}\right) \div (\square \times \square \times 3.14)$$

$$= 1\frac{1}{3} 倍 \cdots （答）$$

→ $\square \times \square$ は打ち消されるので、考えなくてもよい

問2　一辺の長さが 8cm の正三角形の各頂点を中心に、半径が一辺の長さである円を3つ書きます。その3つの円で囲まれた図形をアとします。この図形アの外側を半径 4cm の円イがすべることなく一周するとき、円が通過する図の斜線部分の面積を求めなさい。ただし、円周率は 3.14 とします。

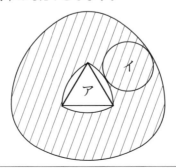

（駒場東邦中）

☞**解説**

下の図のように、円の動いた部分を分けて考える。

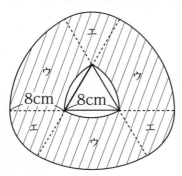

→　解答の方針としては、左の図においてウの部分とエの部分がそれぞれ３つずつあることより面積を求める

このとき、ウの部分の面積は

$$16 \times 16 \times 3.14 \times \frac{60}{360} - 8 \times 8 \times 3.14 \times \frac{60}{360}$$

$$= \frac{256}{6} \times 3.14 - \frac{64}{6} \times 3.14$$

$$= 32 \times 3.14$$

また、エの部分を３つ集めると半円になることから、その面積は、

$$8 \times 8 \times 3.14 \times \frac{1}{2} = 32 \times 3.14$$

以上より、斜線部分の面積は、

$$32 \times 3.14 \times 3 + 32 \times 3.14 = 128 \times 3.14$$

$$= 401.92\,\text{cm}^2 \cdots\text{（答）}$$

☞**別解**

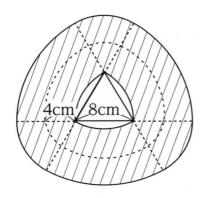

円の中心の軌跡は前ページの図のようになり、その長さを求めると、

$$12 \times 2 \times 3.14 \times \frac{60}{360} \times 3 + 4 \times 2 \times 3.14 \times \frac{60}{360} \times 3$$
$$= 12 \times 3.14 + 4 \times 3.14$$
$$= 16 \times 3.14$$

よって、センターラインの公式より

$$16 \times 3.14 \times 8 = 128 \times 3.14$$
$$= 401.92\,\text{cm}^2 \cdots（答）$$

→ センターラインの公式とは、動いた円の中心の軌跡に円の幅をかけて、図形の動いた面積を求める公式のことで、以下のようなときに用いる。

面積 S は
S ＝ ℓ × 2 × r

問3　下の図のように、半径が 12 cm のおうぎ形と、大きさと形が同じである三角定規2 枚を組み合わせた図形を作り、壁にぴったりつけました。半径 1 cm の円を、図の A のところから B のところまで、この図形に沿って離れないように転がしたとき、この円の通過した部分の面積を求めなさい。ただし、円周率は 3.14 とします。

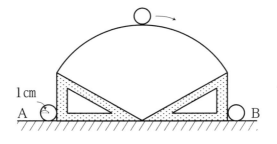

1 cm
A
B

（女子学院中）

☞**解説**

円の動いた軌跡を作図すると、以下のようになる。

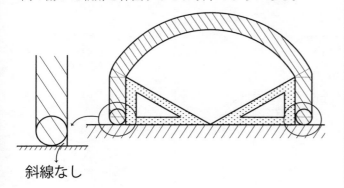

斜線なし

→ 作図は必ず丁寧な作図をすることを心掛けること。その際、わかっている長さなどは書き込んでおくことが大事。ここでは三角定規を用いて、直角三角形の他の辺の長さや角度を求めておくとよい。

→ 三角定規を用いて、

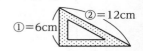

①＝6cm　②＝12cm

よって、円の中心の動いた軌跡を求めると、

$$13 \times 2 \times 3.14 \times \frac{120}{360} + 1 \times 2 \times 3.14 \times \frac{30}{360} \times 2 + 5 \times 2$$

$$= \frac{26}{3} \times 3.14 + \frac{1}{3} \times 3.14 + 10$$

$$= 9 \times 3.14 + 10$$

以上より、斜線部分の面積は、

$$(9 \times 3.14 + 10) \times 2 + 1 \times 1 \times 3.14$$

$$= 19 \times 3.14 + 20$$

$$= 59.66 + 20$$

$$= 79.66\,\text{cm}^2 \cdots （答）$$

→ ここでは先程のセンターラインの公式を用いて解いていくことにする。

→ ここでは、直角三角形からおうぎ形へとつながる部分を通過するときの円の中心の軌跡を求めるのが少し複雑なので、丁寧な作図をして処理をしていくようにする。

☞**解説**

円が動いた軌跡を作図すると、以下のようになる。

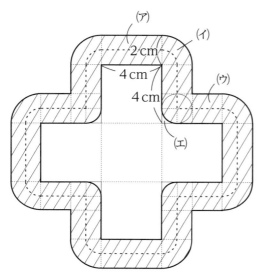

→ 円が通過した部分を分割すると
以下のようになる。
① (ア)の長方形が4個
② (イ)のおうぎ形が8個
③ (ウ)のL字型から、(エ)の隙間
　　を除いた形が4個
となるので、これらの和を求める

このとき、(エ)の部分を4つ集めると右の図のような正方形から円を除いた部分と等しくなるので、その面積を求めると、

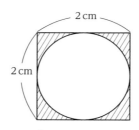

$$2 \times 2 - 1 \times 1 \times 3.14 = 0.86\,\mathrm{cm}^2$$

よって、(ア)～(ウ)までの面積を求めると、

(ア)$= 2 \times 4$

　　$= 8\,\mathrm{cm}^2$

(イ)$= 2 \times 2 \times 3.14 \times \dfrac{1}{4}$

　　$= 1 \times 3.14\,\mathrm{cm}^2$

(ウ)$= 4 \times 4 - 2 \times 2$

　　$= 12\,\mathrm{cm}^2$

→ 同じ形をした図形が8つあるので、後で8をかけるので、ここでは円周率の計算は行わないこと

以上より、求める部分の面積は、

8 × 4 + 1 × 3.14 × 8 + 12 × 4 − 0.86

= 32 + 25.12 + 48 − 0.86

= 104.26 cm² ⋯（答）

☞別解　センターラインの公式の利用

前ページの図より、円の中心が動いた軌跡について求めると、

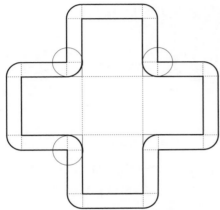

→ センターラインの公式により、円の中心の軌跡×円の直径と求めることが出来るが、これでは(エ)の部分の４つも含まれているので、それを引いて斜線部分の面積を求めること

4 × 4 + 3 × 8 + 2 × 2 × 3.14 × $\frac{1}{4}$ × 4

= 16 + 24 + 4 × 3.14

この面積には (エ) の部分を４つ含んでいることから、その部分を引くことにより、求める部分の面積は、

(16 + 24 + 4 × 3.14) × 2 − 0.86

= 80 + 25.12 − 0.86

= 104.26 cm² ⋯（答）

演習問題 12-1　　解答は 210 ページ

半径が 3cm の円の周上に点 A があります。点 A を半径として、この円を 30 度回転させてできる円が下の図のようにあります。斜線部分の面積を求めなさい。ただし、円周率は 3.14 とします。

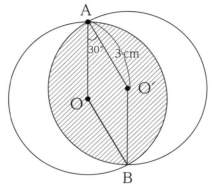

（麻布中）

演習問題 12-2　　解答は 211 ページ

半径 10cm の円の内部に、一辺の長さが 10cm の正方形 ABCD が図 1 のようにあります。点 A をつけたまま、点 B が円周につくまで、正方形を回転させます。

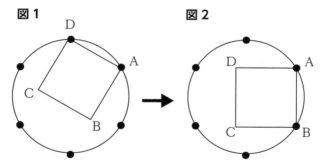

図 1 の位置からもとの位置に戻ってくるまで回転を 6 回転繰り返します（点 A ～ D の位置は元に戻るとは限りません）。点 B の動いた道すじの長さを、四捨五入して小数点第 2 位まで求めなさい。ただし、この正方形の対角線の長さは 14.1cm として、円周率は 3.14 を用いるものとします。

（栄光学園中）

例題 13　図1のように、3辺の長さが AB ＝ AC ＝ 40 cm、BC ＝ 48 cm の二等辺三角形 ABC と円 P、円 Q があります。三角形 ABC と円 P、円 Q はそれぞれ接しているものとします。円 P、円 Q の中心をそれぞれ G、H とするとき、中心 G、H と点 I は直線 AD 上にあります。角 ADB ＝角 AEG ＝角 AFH ＝ 90 度であるとき、次の問いに答えなさい。ただし、図2のように、3辺の長さが3 cm、4 cm、5 cm の三角形は、直角三角形になるものとします。

図1　　　　　　　　　　　　　　　　　　　　　**図2**

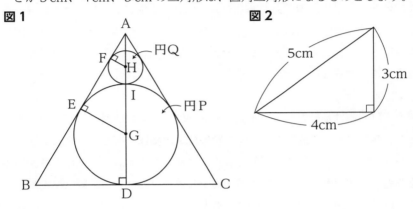

(1)　AG と GE の長さの比を最も簡単な整数の比で表しなさい。

(2)　円 P の半径の長さを求めなさい。

(3)　円 Q の半径の長さを求めなさい。

（浅野中）

★コメント★

　比較的易しめの問題になります。相似な図形の問題は代表的な相似型を探していくという解法が一般的ですが、この問題のようにそれが当てはまらない場合もあるということを知っておいて下さい。**相似な図形は等しい2組の角を見つけること**ができれば発見することができます。それがわかっていればそこまで苦戦せずに答えまで辿りつくことができると思います。しかし、相似な図形に慣れていない場合は相似を見つけるまでに時間がかかってしまうこともあります。入試問題は時間との戦いになるのは言うまでもありません。

相似の発見はすぐにできるように訓練を積んでおいて下さい。

　この問題の出題元となっている浅野中は、神奈川御三家（他の2校は聖光学院中、栄光学園中）に数えられる学校の1つで京浜工業地帯の中心地域に所在しています。これは、京浜工業地帯で重化学を中心に一代で財を成した創始者の浅野總一郎が、京浜工業地帯で働く勤労学生のために実学教育を行う場として創立したのが発端でした。しかし、その中で重要なのはそこに関わる根幹となる人材が大事だと考え、生徒たちを指導する教員の質に拘り続けたことです。指導力のある教員の熱意ある指導で大学入試での進学実績も伸ばしていて、現役合格率も高い学校として有名です。学校の特徴としては『各駅停車』という言葉が用いられ、これは大学合格へ向けての『特急』のような指導ではなく、途中下車をして寄り道をすることも大事という考え方で、在校生はゆっくりと堅実に成長していっています。

　算数の入試問題は基礎力を重視するような問題から応用問題までバランスよく出題されています。頻出単元は**平面図形**で、特に**相似比・面積比**に関しては様々な設定で出題されているので、様々な出題形式に慣れておくことが大切です。その他にも**数論問題**や**速さに関する問題**、**立体図形**なども頻出と言えるでしょう。これらの分野は年度により出題は偏りますが確実に出題されていますので、典型問題を中心に演習をしておくのが良いでしょう。他校で出題されたことのあるような一回は経験をしたことのあるような問題が出題されていますので、落とせない問題が多い印象です。特に立体図形に関しては、**回転体、水槽に関する問題、立体の切断**などは様々な設定の問題を学習しておく必要があります。場合の数の問題はやや癖の強い問題が出題されていますので、最初の取り掛かりを判断するための**手作業により数え上げが必須**になります。難問も出題されていますが、確実に得点したい問題だけを得点し、8割くらいの得点は確保したいところです。演習効果も高い入試問題だと思いますので、問題演習という形で取り組んでみることもおすすめします。試験日が2/3ということもあり、開成や麻布などの合格発表もこれからの状態での試験が実施されることもあり、激戦の様相を呈しているので、高得点を取る必要があります。

　特筆すべきは、中学・高校の数学の範囲からも出題されることがあり、知っていれば簡単に解けるという問題も少なからず出題されていますが、数学の範囲が膨大であることから山をはるのではなく出てきた問題を理解していくというスタイルで十分です。基本的にはその場で考えれば解ける問題であることは間違いないので、**考えるという基本スタイルを忘れずに日々の学習を心掛けて下さい。**

☞**解説**

(1)

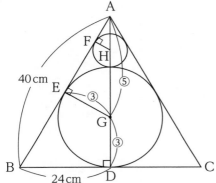

　上の図において、三角形 ABD と三角形 AGE は相似
な三角形であることから、

　　AG : GE = AB : BD
　　　　　　 = 40 : 24
　　　　　　 = 5 : 3 … (答)

→ この三角形が相似になる理由
　は以下の通り。
　　三角形 ABD と三角形 AGE
　において、共通な角であるこ
　とから、
　　　角 BAD =角 GAE
　　問題の条件（仮定）より、
　　　角 ADB =角 AEG = 90 度
　　以上より、2 角がそれぞれ等
　しいことから、三角形 ABD と
　三角形 AGE は相似な三角形と
　なる。

(2)

　(1)より、AG : GE = 5 : 3 なので、AG =⑤、GE =
③とする。また、円 P の半径であることから、

　　GE = GD =③

となる。以上より、AD の長さに注目して、円 P の半径
を求めると、

　　AG + GD = 32
　　　⑤+③= 32
　　　　⑧= 32 cm
　　　　③= 12 cm … (答)

→ AD の長さの求め方は、三角
　形 ABD が 3 : 4 : 5 の三角形
　であることに注目して、相似
　を利用して求めている。

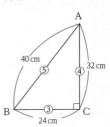

(3)

　点 I を通り、辺 BC に平行な直線 JK を引くと、以下のようになる。

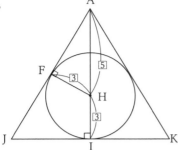

　このとき、三角形 AJI と三角形 AHF は相似な三角形となることから、

$$AH : HF = AJ : JI$$
$$= 5 : 3$$

AH:HF = 5:3 なので、AH = ⑤、HF = ③とする。また、円 Q の半径であることから、

$$FH = HI = ③$$

となる。以上より、AI の長さに注目して、円 Q の半径を求めると、

$$AH + HI = 32$$
$$⑤ + ③ = 8$$
$$⑧ = 8 \text{cm}$$
$$③ = 3 \text{cm} \cdots （答）$$

→ 三角形 ABD と三角形 AJI と三角形 AHF が相似な三角形であることから相似比は全て同じになる。

→ AI の長さについては、(2)より、円 P の半径が 12cm であることから、
$$AI = AD - ID$$
$$= 32 - 12 × 2$$
$$= 8 \text{cm}$$

☞**(3)の別解　相似を用いて求める方法（フラクタル図形）**

　この図形は同じ相似比の図形が続いていくことから、

$$AD : GD = AI : HI$$
$$= 8 : 3$$

また、AI = 8cm であることから、

$$⑧ = 8 \text{cm}$$
$$③ = 3 \text{cm} \cdots （答）$$

→ この図形のように、その図形を一部として、図形全体と相似な図形になっているものを**フラクタル図形**という

例題 14　長方形の紙をはさみで何回か切り、切り分けた全ての部分が正方形になるようにします。ただし、もとの長方形も切り分けられた正方形も、辺の長さは全てセンチメートル単位で測ると整数になるものとします。たとえば、横5cm、縦3cmの長方形の紙を、正方形の個数が最も少なくなるように切ると、図のように4個の正方形になります。そのうち2個だけは同じ大きさです。このとき、次の問いに答えなさい。

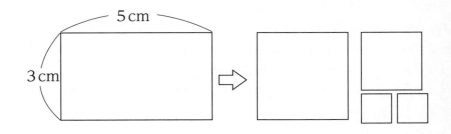

(1)　面積が 56cm² の長方形の紙は何種類かありますが、それぞれの紙を正方形の個数が最も少なくなるように切ります。このうち、正方形の個数が最も少なくなる場合について、その個数を求めなさい。

(2)　ある長方形の紙は6個の正方形に切り分けられ、そのうち2個だけが同じ大きさで、それらは一番小さい正方形でした。このような長方形の紙のうち、面積が最も小さい長方形の2辺の長さを求めなさい。

(3)　ある長方形の紙は14個の正方形に切り分けられ、そのうち2個だけが同じ大きさで、それらは一番小さい正方形でした。このような長方形の紙のうち、面積が最も小さい長方形の2辺の長さを求めなさい。

（筑波大学附属駒場中）

★コメント★

　見た目は平面図形の問題ですが厳密には規則性の問題に分類される筑波大学附属駒場中の問題です。見たことがある人はこの問題は**フィボナッチ数列**がテーマとなっていることに気付くのではないでしょうか。しかし、それを知らなかったとしても、問題中にある例

などを参考にして試行錯誤をし、問題の条件を満たすような作図をすることが出来れば十分対応出来る問題といえます。つまり、**考えたことを作図して解いていくことが定着していればそこまで難問ではありません。頭の中で考えるのでなく、考えたことを作図していく**という習慣を正しく付けておくことが重要になります。(3)は(2)までの過程を活用して解いていく難関校特有の出題形式となっています。

　この問題の出題元になっているのは全国最難関男子校である、筑波大学附属駒場中 (以下、筑駒とします) です。東大合格者数では開成中の方が上ではありますが、160 人の卒業生に対する合格者数が 100 人前後という合格率が 50% 以上という驚異的な数字を残しており、これは日本一の数字となっています。また、国立中ということもあり授業料も公立並みなので開成中や麻布中に合格しても筑駒を選択する受験生が多いのはいうまでもありません。学校目標は『自由・闊達の校風のもと、挑戦し、創造し、貢献する生き方をめざす』とし、トップリーダーを育てる教育の実験的実践校という位置付けにあります。ですから、学校行事などは全て生徒主体で進めていく自由な校風となっています。制服はなく T シャツや短パンでも平気であり、PC やスマートフォンの持ち込みも許可されています。

　筑駒の入学試験は四教科均等配点で各科目の試験時間は 40 分となっており、ここに調査書の 100 点を加算した 500 点満点で合否を判定しています。算数は毎年大問 4 題構成で、**数論問題、図形問題**から出題されています。他の併願校と比較して算数の試験時間が短いということもあり、万全の体制で試験に臨むようにして下さい。しかし、試験時間が短いということもあるので、問題の設定は比較的軽めの設定のものが多いです。この問題のように問題の根底にあるテーマに気付くことが出来れば素早く解答できるような問題が一定数出題されているので、これらの問題を確実に拾っていくことが大切になります。また、試験時間が短いというのもあるので、2 題完答した上での残りは半分ずつ正解をするというような東大入試の数学のような戦略を用いることも出来ます。合格点の目安として、7 割くらいは確保しておくことが望ましいでしょう。他科目の状況次第でこの数値は変わって来ますので何とも言えないところですが、算数で高得点を取ることが出来れば中学入試はかなり強いのはご存知の通りです。

☞解説

(1)

　面積が $56\,\mathrm{cm}^2$ になるときの長方形の縦と横の長さの組み合わせは、

　（縦、横）＝ $(56,1)$、$(28,2)$、$(14,4)$、$(8,7)$

　となることからそれぞれの場合について考えていく。

・（縦、横）＝ $(56,1)$ となるとき、

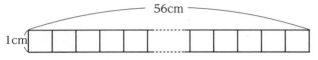

　上の図より、正方形の個数は 56 個となる。

・（縦、横）＝ $(28,2)$ となるとき、

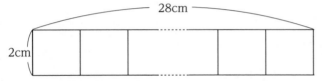

　上の図より、正方形の個数は 14 個となる。

・（縦、横）＝ $(14,4)$ となるとき、

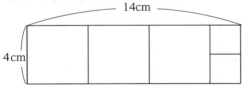

　上の図より、正方形の個数は 5 個となる。

・（縦、横）＝ $(8,7)$ となるとき、

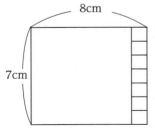

　上の図より、正方形の個数は 8 個となる。

→ 平面図形の問題と数論問題が融合しているような問題です。数論問題は場合の数などに代表されるように、**手作業による数え上げを行った上で、場合分けを行っ ていく**必要があります。
　この問題の場合は、長方形の縦と横が複数通り考えられるので、そこで場合分けをしていくのが極めて有効な手段と言えます。

→ 各正方形の個数は計算でも求めることが可能ではあるが、この場合は作図をして数えていった方が安全に答えが出せる。

以上より、正方形の個数が最も少なくなるのは縦と横に
長さがそれぞれ 14cm、4cm の場合の 5 個となる … （答）

(2)

　一番小さい正方形を 2 個書いて、これを基準として作
図していくと、以下のようになる。

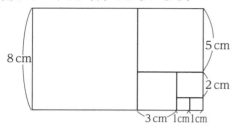

　このとき、一番小さい正方形の一辺に長さを 1cm とす
ると、長方形の縦と横の長さは 8cm、13cm となる…（答）

(3)

　(2)の図を参考にして、正方形の個数とそのときに出来
る長方形の長い方の辺を表に整理していくと、

正方形の個数	1	2	3	4	5	6	7
長方形の長い方の辺	1	2	3	5	8	13	21

正方形の個数	8	9	10	11	12	13	14
長方形の長い方の辺	34	55	89	144	233	377	610

以上より、求める長方形の 2 辺の長さは 377cm、610cm
となる … （答）

→ (1)と同様の考え方をしてい
る。これも前問の考え方や
答えを利用して、次の問題
の答えを導いていくという
難関校特有の出題形式であ
る。

→ 作図するときは、面積の小
さいものより順に書いてい
くと書きやすくなる。

→ (2)で書いたような図はフィ
ボナッチ数列の代表的な出
題形式になる。

→ フィボナッチ数列の代表的
な問題はこの問題以外にも
階段の問題や偶数・奇数の
問題など主な出題形式は全
て触れておきたい。

演習問題 解答と解説

　ここでは、各例題に付属している演習問題の解答と解説を行っていきます。図形問題が苦手な人や問題を理解出来ていない場合は、もう一度例題に戻って問題を解いてみて下さい。何故、そのように問題を解くのかという背景まで考えてみることにより、より理解が深まると思います。また、各演習問題では**例題では解説する機会のなかった考え方を解説している場合**があります。答え合わせだけで済ませることをせずに、解説を精読してみて下さい。また、コメント欄には実際に出題された中学校の出題の特徴や対策法が書いてありますので志望校対策への参考にしてみて下さい。

　そして、この演習問題を全て完了したとき、この本を読んでいる受験生の皆さんの図形問題の解法力は驚く程上がっていることに気付くはずです。その後、自分の志望校の問題などを通して、ここで得た考え方がしっかり実践出来ているのかを確認してみて下さい。

演習問題 1-1　早稲田大学系属早稲田実業学校中等部　（p.26）

★コメント★

反射については理科で学習していると思うのでその原理原則についてはここでは割愛します。しかし、入射角と反射角が等しいという条件が与えられているので、特に理科的な知識は必要としません。

先程の例題において、**図形を汚くせずに美しく解く**という話をしたと思いますが、この問題も同様にして解いてみます。先程の例題と異なることは、入射角＝反射角という**等しい角の条件が与えられている**ことです。図形問題において、等しい辺や角の条件を見つけたらそれを書き込むのは図形問題の基本中の基本です。それにより、二等辺三角形や正三角形などの素敵な形が見つかることが多々あります(笑)。これが見えるようになれば実力は付いていると言えます。自信を持って学習を進めて下さい。

どうしてもわからない場合などは、元々の条件を見落としている可能性も考えられます。そのような場合は焦らずに問題文を読んで冷静に条件を見つけるようにして下さい。

解答の指針
　図形問題は等しい辺や角に印を付ける

解説

図1の条件を図2の中に書き込むと以下のようになる。

図1

図2

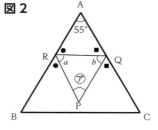

→　早稲田大学系属早稲田実業学校中等部（以下、早実とします）は、東京都多摩地区の男女共学校です。特筆すべき点は、女子の難易度で、そのレベルは女子御三家と同等のレベルと思って頂いて差し支えないと思います。女子の大学附属志望の受験生に取っては、2/3の慶應義塾中等部と並んで、都内附属校の頂上決戦となります。

出題される問題も、それに相応しい難易度だと言えます。以前は男子校だったこともあり、それを踏襲した難易度は女子受験生にとっては驚異的なものでした。しかし、ここ数年それが易化している傾向にあります。

対策すべきは**図形問題**と**数論問題**です。念のため、男子最難関レベルの問題まで一通り目を通して経験値を上げておくべきでしょう。そして、確実に取れる問題を取っていく必要があります。近年の難易度から考えると大問5題のうち、3.5～4題くらいは取りたいところです。**答えのみを解答させるのが中心の学校（平成31年度の入試では1題記述問題が出ました）**なので、ケアレスミスなどを無くす訓練も大事です。合わせて、入試典型問題をミスなく解けるように仕上げておく必要があります。つまり、**取れそうな問題を増やす**ような特訓は必須です。

もしかしたら、今は凪状態の可能性も十分に考えられます。来年以降、暴風が吹いてきても耐えられる実力を付けておくべきでしょう。

※　系属というのは、早稲田大学が出資した法人が運営している学校の総称で、大学への推薦枠の割合が異なります。ですから、系属校は進学校とする見方もあります。しかし、早実はほぼ100％の内部進学率なので附属として捉えてもいいかもしれません。

以上より、三角形の内角の和に注目して、●＋■の値を求めると、

●＋■ ＝ 180 － 55

　　　 ＝ 125

角⑦を求めるのに必要なのは図 2 の $a + b$ なので、

$a + b$ ＝ 360 － 2 ×（●＋■）

　　　 ＝ 360 － 2 × 125

　　　 ＝ 110 度

よって、⑦の角度は、70 度…（答）

演習問題 1-2　フェリス女学院中　　　　（p.26 参照）

★コメント★

　全くヒントが出ておらず一見すると困ってしまいそうな問題です。しかし、図形問題をやり込んでいる受験生はこの問題のような**条件不足の問題はこのままでは解くことが出来ない**ということを経験上感じていると思います。

　そこで感づいて欲しいことがあります。それは、このように角度だけ与えられている問題はこのままでは解けないということです。それは、『**いつもある条件がない！**』という発想を持つことです。では、その『いつもある条件とは何か？』という部分です。それは、いつも演習している問題は、等しい辺があったりするのだけど、今回は無いみたい…という部分になります。それが、**どこかに等しい辺が隠れている**という疑惑に変わります。

　そこに気付くことが出来れば、この問題の攻略は半分以上完了しています。中学入試において、**辺が等しくなる条件は、二等辺三角形・正三角形・平行四辺形などの発見**により解決します。しかし、この問題には平行四辺形や正三角形の元になる 60 度などは存在しないので、二等辺三角形を見つければ良さそうだという発想に繋げていきます。それが、出題者の意図に他なりません。

→　この問題のように、等しい角が 2 つ与えられている場合は、●＋■の和を求めることを目標にしていく

→　**角度の問題は戦略的に考える**

　ここでは三角形の内角に注目して、$a + b$ を求めることを計算する前に見当を立てておくこと

→　閑静な住宅街の中にある日本最古のカトリック系ミッションスクール。その学校はお嬢様学校というイメージを持たれがちです。

　しかし、その教育方針は『For Others（他者のために）』に代表される様に、様々なことを自分で出来るような自立心を持った人材を育むことにあります。その上での自由な校風というのも知られています。当然それが入試問題にも顕著に現れています。都内の女子校と比較しても難易度の高い複雑な処理をさせてくる算数の問題の難易度は一定の水準を保ち続けています。幸い**倍率が例年 2 倍付近**ということもあり、取れるべき問題をしっかり取れる安定感があれば合格点に到達するでしょう。

　毎年出題されている、図形問題は算数というよりも、**数学寄りの出題**というイメージが強いです。

　文章問題は取れるという状態まで持っていき、**図形問題や数論問題の強化**に励むことが合格への近道だと考えます。同時に、問題の道中に出てくる**条件設定が理解しにくい問題を飛ばして**、取れる問題を確実に正解することが大事です。

　目安となる点数は 6 割前後を取れていれば安全ラインと言えるのではないでしょうか。

☞**解説**

　求める部分に見当を付けて、印を入れていくと以下の
図のようになり、

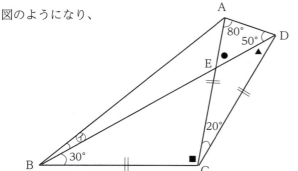

→ **角度の問題は戦略的に考える**
　コメントにあるような思考
回路を辿るのは少し難しいと
感じる受験生の皆さんは取り
あえず出せる部分を出して二
等辺三角形を探すという解法
でもよい。
（求められる角があまりない
ため）

三角形 AED において、　　三角形 CBE において、

　●＝ 180 −（80 ＋ 50）　　■＝ 180 −（30 ＋ 50）

　　＝ 50　　　　　　　　　　　＝ 100

三角形 CDE において、内角と外角の関係より、

　▲＝ 50 − 20

　　＝ 30

よって、角 CAD ＝角 CDA ＝ 80 度となることから、
三角形 CAD は二等辺三角形となるので、

　辺 CA ＝辺 CD …①

同様にして、角 CBD ＝角 CDB ＝ 30 度となり、三角
形 CBD も二等辺三角形となることから、

　辺 CB ＝辺 CD …②

①、②より、辺 CA ＝辺 CB となることから、三角形
CAB は二等辺三角形となることより、

　角 CAB ＝（180 − 100）÷ 2

　　　　　＝ 40

よって、

　㋐＝ 40 − 30

　　＝ 10 度 …（答）

→ 問題の途中で**判明した等し
い辺や角も必ず図中に書き
入れる**習慣を付けること。
せっかく求めた条件を見落
とさないようにするため。

→ この問題にあるような、
　A ＝ B、B ＝ C
となることから、
　A ＝ C
というような間に等しいも
のを挟んで等しいものを導
いています。このような、
説明方法を三段論法と呼ん
でいます。

演習問題 *2-1*　女子学院中　　　　　　　　(p.34 参照)

★コメント★

　補助線を引いて解いていく問題になりますが、問題文に与えられているヒントの読み落としをしないようにして下さい。問題には『直線 EF を対称の軸とした線対称な図形です』との表記があります。ですから、この問題の通りに**図形を復元**してあげることが最初に手を付けるべき部分になります。その補助線を引くことによって、図中に**二等辺三角形、正三角形、直角二等辺三角形**が出てくるはずです。このとき、図形を本質から理解していることが上記の図形の素早い発見に結びつきます。くどいようですが、**図形の性質は図からイメージすることが大切**です。

　このような図形は見ただけで疲れる受験生も多いと思います。これは出題者が問題を見づらくして、わざと複雑にしているのは想像の通りです。そのような場合は、**必要な部分だけを書き出して問題を解く**ことも大切なテクニックになります。複雑な図形が出題された場合はこのようなテクニックも忘れないようにして下さい。

☞解説

(1)

　問題より、三角形 OEF は直線 EF を対称の軸とした線対称な図形とあることから、それを復元すると以下のようになる。

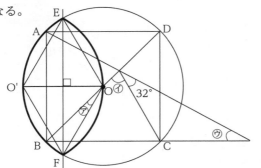

　女子学院 (以下、JG とします) は、東京女子御三家に数えられる学校です (他は桜蔭、雙葉)。有名な例え話に『もし、空き缶が落ちていたら…』というのがあります。桜蔭の生徒は『本を読むのに夢中で缶に気付かない』、雙葉の生徒は『缶を拾って、そっとゴミ箱に入れる』、JG の生徒は『その空き缶で缶蹴りを始める』というのがあります。この話からも分かる通り、自由な校風の学校として知られています。しかしその反面、生徒個人に『責任』の重さを植え付けています。自由と責任は表裏一体ということです。

　出題される問題は、**一行計算系の問題**が多く、中学入試における**典型問題**が多い傾向にあります。しかし、40 分という試験時間を考えると、**問題数が多く**、且つ道中の**計算も面倒なものが多い**という年もあります。即ち、**解答のスピードと正確性**を付けることが大事です。難易度は年によってばらつくこともあり一定とは言えません。

　中学入試に出題される典型問題を一通り対策した上で、独特の出題傾向に慣れる必要があります。この問題の様に**図形の求角問題、求積問題**が難しいことが多々あります。**解けそうな問題であるかを瞬時に判断**することが合否を分けるポイントになるでしょう。

　全教科均等配点というのもあり、算数が得意な受験生は 8 割の得点は確保しておきたいところです。また、**苦手科目を作らないことも大切**です。

→ 角度の問題は戦略的に考える

　ここでは角 O'OF と角 O'OB の 2 つを求めて引いて考えるという道筋を立ててしまう。

このとき、O を折り返したときの円との交点を O' とすると、三角形 OEF と三角形 O'EF は合同な図形となることから、

OF = O'F

また、円の半径より OF = OO' となるので、

OF = O'F = OO'

以上より、三角形 OFO' は正三角形となるので、角 O'OF = 60 度となる。

→ 折り曲げ問題は、**合同・相似を発見**することが大事。

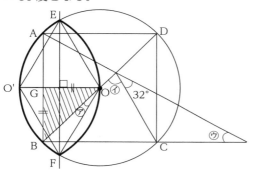

→ 正方形の部分だけを書き出して考えると見つかり易い。

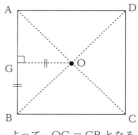

よって、OG = GB となる

また、辺 OO' と辺 AB の交点を点 G とすると、三角形 OGB は OG = BG の直角二等辺三角形となるので、角 GOB = 45 度となる。以上より、⑦の角度は、

⑦＝角 O'OF －角 OGB

　＝ 60 － 45

　＝ 15 度 … （答）

→ この考え方は、円の中心 O と点 A を結ぶことによっても同様に導けるが、補助線を引いてしまうので、なるべく引かない方法で解説しています。

(2)

問題を解くのに必要な部分だけを書き出していくと、点 H、I を定めて以下のように書く。

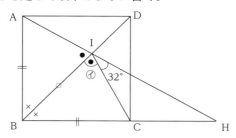

→ 図形が複雑な問題は、そのままでは問題を解くことが難しいので、**必要な部分だけを書き出して、考え易い図形に変える**ことを心掛ける。

左ページの図において、三角形 BCI と三角形 BAI は合同な三角形になるので、

角 CIB ＝角 AIB …図の●印に対応

となるので、イの角度は、

㋑＝ (180 － 32) ÷ 2

　＝ 74 度 … (答)

(3)

㋒の角度は三角形 IBH の内角に注目し、角 IHB ＝ 45 度となるので、

㋒＝ 180 － 32 － 45 － 74

　＝ 29 度 … (答)

演習問題 *2-2*　灘中 (p.34 参照)

円の中心を O として、その円周上の点をそれぞれ A、B、C、D とする。円の中心 O から A、B、C、D の補助線を引くと以下の図のようになる。

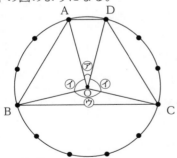

このとき、補助線によって以下の図の様に分割されるので、

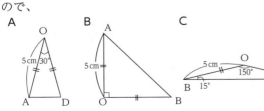

→ 中学入試では**合同は感覚で見つける**のが一般的ですが、理屈は以下の通り。まず、三角形の合同条件が 3 つあり、

① **1 辺とその両端の角がそれぞれ等しい**

② **2 辺とその間の角がそれぞれ等しい**

③ **3 辺がそれぞれ等しい**

のいずれかの条件を満たすことで合同の説明が出来る。

※ なお、この問題は以下の様に説明することが出来る。

三角形 BCI と三角形 BAI において、
辺 BC ＝辺 BA (正方形の一辺) …①
角 IBC ＝角 IBA ＝ 45 度 …②
辺 BI は共通な辺 …③
①、②、③より、2 辺とその間の角がそれぞれ等しいので、
三角形 BCI と三角形 BAI は合同。

(証明終)

→ 図形の性質に基づいた補助線を引くようにする。ここでは、**円の半径を結んでいる**。特に特殊な補助線の引き方は要求されていない。

→ 補助線を引いた後に、面積を出す上で必要なそれぞれの中心角を求める。

→ 円一周で 360 度の中心角を作っていることより、

⑫＝ 360 度　…円一周

①＝ 30 度　…(㋐)

③＝ 90 度　…(㋑)

⑤＝ 150 度　…(㋒)

それぞれの面積を求めると、Bの図形は直角二等辺三角形2つ分となるので、

$$5 \times 5 \times \frac{1}{2} \times 2 = 25 \, \text{cm}^2$$

また、AとCの図形は頂角30度の二等辺三角形なので、以下のように三角定規を作図し、辺の比が1：2になることを利用すると、

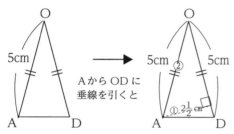

よって、面積を求めると、

$$5 \times 2\frac{1}{2} \times \frac{1}{2} \times 2 = 12\frac{1}{2} \, \text{cm}^2$$

以上より、求める面積は、

$$25 + 12\frac{1}{2} = 37\frac{1}{2} \, \text{cm}^2 \cdots （答）$$

演習問題 3-1　広島学院中

（p.43 参照）

★コメント★

　この問題も例題3と同様に本来ならば補助線を引いて解かないといけない問題ですが、例題の解説のような**弧の作る円周角に注目**することにより、**補助線を引かずに答えまで辿り着く**ことが出来ます。折角なので、別解として、この円の求角問題で補助線を引いて解くとどれだけ面倒なのかというのを紹介しておきます（笑）。

　また、いつもと設定が変わっていることに注意をして下さい。いつもならば、円一周を何等分かに分けたという条件設定で問題を解くことが多いと思います。しかし、この問題は円を上下の半円ごとに分割しているので、**半円の作る円周角が90度**ということに注目して、上下の

→ 図形Cに関しては、分割した上で頂角30度の二等辺三角形を作る。

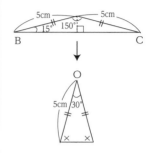

→　広島学院中は、イエズス会によって戦後に設立されたカトリック系の男子校です。自宅通学が義務づけられています。『原爆で壊滅した広島の街を教育で励ましていく』ということが設立の動機だと思われます。教育方針は『Be men for others, with others』という他者のために他者とともに生きる若者の育成を目指しています。また、栄光学園（神奈川県）、六甲学院（兵庫県）とは姉妹校に当たります。

　入試問題は算数Ⅰ（20分）と算数Ⅱ（40分）の2部構成になっているのが大きな特徴です。算数Ⅰは20分で9題の小問の出題が毎年の傾向になります。出来れば満点または一問間違いくらいは狙えるようにすべきです。

半円の弧が作る円周角が異なることに注意して問題を解いていかないといけません。入試問題は普段より解いている問題と条件設定を変えている場合があるので、**よく問題を読むこと**でその条件の見落としを防げます。自分がよく問題を読み落とすと感じている受験生の皆さんは必ず心掛けて下さい。

☞**解説**

上の半円の弧 1 つに対する円周角を①、下の半円の弧に対する円周角を①とする。また、円の内部に三角形を作る様に補助線を引く。以上を図に書き入れると以下のようになる。

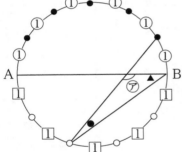

上の図において、●と▲の角度は、半円の弧の円周角が 90 度になることより、●の角度は、

⑥＝ 90 度

①＝ 15 度

同様にして、半円の弧に注目して▲の角度についても、

⑤＝ 90 度

②＝ 36 度

以上より、三角形の内角の和に注目すると、

⑦＝ 180 －（15 ＋ 36）

　＝ 129 度 …（答）

日頃より、**典型一行計算の演習は必須**といえます。その際に、**正確な計算力とスピードを身に付ける**ように心掛けてください。算数Ⅱは 40 分で大問 5 題の完全記述形式の問題になります。時間内に問題を解き切る練習をするとともに、**和と差の問題、割合と比に関する問題、数論問題、速さに関する問題、平面図形、規則性**の問題は一通り目を通しておくべきでしょう。算数 2 つの合計得点が 7 割くらいを目安に取れる問題を取っていくという作戦でいけばいいと思います。また、リード文が比較的長いので、条件の読み落としなどは致命傷になりかねません。**与えられている数値**などには**下線を引いたり、丸で囲んだりと見落とさないように工夫をする習慣**をつけておくといいでしょう。

→ 円の分割する求角問題は図のように、弧の部分に割合を書き込んでいくと考え易い。

→ 角度の問題は戦略的に考える ●、▲の角度を求めることが出来ればよい。

→ 割合の問題はいちいち①に当たる量を求めるのではなく、効率を重視した求め方を

☞ 別解　補助線を用いた解法

円の中心を O として、円周上に点 C、D を作り、円の中心 O から点 C、D に半径を結ぶと以下の図になる。

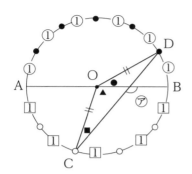

→ 補助線を引いて求める方法は解法に幅を持たせるために紹介しておくが、実際は弧に対する円周角に注目して求める方が楽に答えが出せるので参考程度で構わない。

このとき、三角形 OCD は OC ＝ OD の二等辺三角形となり、その中心角は●と▲の和になるので、それぞれの角度を求めると、

●の角度について、　　　　　▲の角度について、

⑥＝ 180 度　　　　　　　⑤＝ 180 度

①＝ 30 度　　　　　　　③＝ 108 度

よって、二等辺三角形 OCD について、

■＝ (180 − 30 − 108) ÷ 2

　＝ 21 度

以上より、三角形の内角・外角の関係より、

㋐＝▲＋■

　＝ 108 ＋ 21

　＝ 129 度 … （答）

→ **角度の問題は戦略的に考える**
　▲、■の角度を求めることが出来ればよい。

→ 半円を 6 等分しているとき、中心角も 6 等分される。●はこのとき、1 つ分になる。

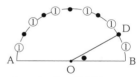

よって、●の角度は

●＝ 180 × $\frac{1}{6}$

●＝ 30 度
として求めてもよい。

→ 同様にして、下の半円を 5 等分しているとき、中心角も 5 等分される。▲はこのとき、3 つ分になる。

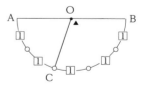

よって、▲の角度は

▲＝ 180 × $\frac{3}{5}$

●＝ 108 度
として求めてもよい。

演習問題 *3-2*　早稲田大学高等学院中学部・改題(p.43参照)

★コメント★

この問題は、一回は経験したことがある受験生の方が多いのではないでしょうか？ これは、通常ならば円の真ん中に出来ている多角形の外角に注目したり、図形の角度の性質を用いて解くのが一般的なスタイルだと思います。これも円を7等分しているので、先程の弧に対する円周角に注目することでも求めることが出来ます。今回はそのやり方を見ていきたいと思います。また、この問題に関しても2通りの解法を示したいと思います。

☞解説

円一周を7等分しているので、⑦＝180度であることを利用して解いていくと、次のようになる。

(1)

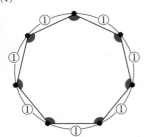

印のついている角は弧5つ分となり、それが7つあるので、

⑦＝180度

⑤×7＝㉟となるので、

㉟＝900度 … （答）

(2)

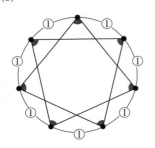

印のついている角は弧3つ分となり、それが7つあるので、

⑦＝180度

③×7＝㉑となるので、

㊿④＝540度 … （答）

→ 中学から入れる唯一の早稲田大学の付属校である早稲田大学高等学院中学部は、その校歌にもある通り都の西北である上石神井に位置します。その校風は自由であることが知られており、ほぼ100％の内部進学率からもわかる通り、大学受験勉強に捉われないマニアックな学問としての専門的な指導を行っています。

2010年に開校当初より、算数の入試問題は、試行錯誤を繰り返して現在の形になっています。大問4題は当初より変更ありませんが、難易度は一定になってきています。特筆すべき点は、その問題数の少なさが挙げられます。**それは、問題の中身がかなり練られている問題であることから、量より質を追求している**入試問題で受験生の差がはっきりと出る問題と言えます。1題1題に時間がかかることもあり、中途半端な対策では太刀打ち出来ないイメージでいいでしょう。取れる問題だけを取っていけば7割くらいにはなります。そのくらいを確保しておきたいところです。

対策としては、**日々の計算練習（かなり複雑なもの）を**しっかりやり、**計算の正確性を上げる**ことから始まります。その上で、**数論問題、図形問題**の頻出分野を仕上げていきます。出題される問題は年によりばらつきがあります。**速さに関する問題**なども出題されてもよい状態にしておくことも大切です。

→ 先程の例題同様に、弧の部分に割合を書いて考えていくことが基本となる。

(3)

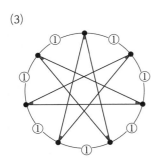

印のついている角は弧1
つ分となり、それが7つあ
るので、

⑦＝ 180 度 … （答）

☞ **別解**

(1)

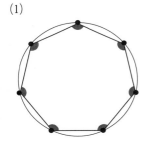

正七角形の内角の和なので、

$180 \times (7 - 2) = 180 \times 5$

$= 900$ 度 … （答）

→ 正 n 角形の内角の和は、
$180 \times (n - 2)$
で求められる。
（成立理由も説明出来るように）
☞ p.217 参照

(2)

→ n 角形の外角の和は、**360度**になるが、これも難関校受験生は何故 360 度になるのか説明出来るようにしておくとよい。
☞ p.219 参照

上の図において、円の中にある七角形に注目すると、
●の総和と▲の総和はそれぞれ七角形の外角の和より
360 度となるので、

印の総和＝ $180 \times 7 -$ （ ●の総和＋▲の総和 ）

$= 180 \times 7 - 360 \times 2$

$= 540$ 度 … （答）

→ 七角形の外側にある7つの三角形の総和から、●の総和と▲の総和を求めればよい。

→ 計算の工夫をしたいところ
$180 \times 7 - 360 \times 2$
$= 180 \times 7 - 180 \times 4$
$= 180 \times 3$
$= 540$ 度

(3)

　右の図において、円周上の角を
それぞれ $a \sim g$ とすると、ブーメ
ラン型の図形 (図の太線の部分) よ
り、

　　㋐ $= a + d + e$

となる。また、対頂角となること
から、

　　㋐＝㋑ $= a + d + e$

　また、同様にして、図の別のブー
メラン型の図形 (図の太線の部分)
に注目することより、

　　㋒ $= c + f + g$

となる。また、対頂角となること
から、

　　㋒＝㋓ $= c + f + g$

　以上より、三角形の内角の和に
注目（図の太線部分）することに
より、

　　㋑＋㋓＋ b
　　$= a + d + e + b + c + f + g$
　　$= 180$ 度 … （答）

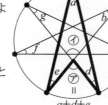

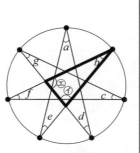

→ 三角形の内角・外角の関係
　より、以下の 2 つの形が成
　立することを利用して解く。

ちょうちょ型　　**ブーメラン型**

　$a + b = c + d$　　　$x = a + b + c$

演習問題 *4-1*　早稲田中 (p.53 参照)

★コメント★

　折り曲げ問題は、**折り曲げる前と後を図中に復元する**というのは、先述の通りです。その上で、図中より**合同・相似を発見**することにより、等しい角などを効率的に求めていくのが近道の解法になります。その際、図３の図形に印を付けて、図２や図１に復元した際に図３の**どの点が移動したのかを書き入れておく**と問題の解き易さが段違いです。問題を見易く、そして解き易く処理することを心掛けるようにして下さい。

☞解説

　折り曲げられた図３の図形を図２の図形になるように折り返して復元すると、以下のようになる。また、このとき角度も書いておくといいでしょう。

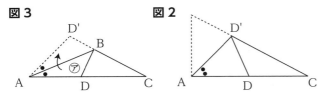

　そして、このとき折り曲げた前の図形と後の図形は合同な三角形となるので、三角形 ABD と三角形 ABD' は合同な三角形となることから、

　　　角 BAD ＝角 BAD' …①（これを●とする）

　　　角 AD'B ＝角 ADB …②

→　早稲田中（以下、早中とします）は、早稲田大学の系属であり、早稲田大学への内部進学率はおよそ 50％ということもあり、進学校として捉えているのが都内の受験生とその保護者の見解になります。ですから、授業内容は進度が早く難解なカリキュラムを扱うことは必然となります。また、『人格の独立』を掲げ、自立心を育むとともに、自主性を重んじる雰囲気の中で、伸び伸びとした学生生活を送っています。

　入学試験の日程は 2/1 と 2/3 の 2 回の日程があり、特に 2/3 の試験に関しては、開成中や麻布中の合格発表がその日の午後ということもあり、かなりの志願者が集まります。早中を第一志望校とする受験生は相手の悪い 2/3 での受験を出来るだけ敬遠できるように、**2/1 での合格を勝ち取りたい**ところです。

　入試問題も**大問 1 ～ 2 は数量分野、図形分野の小問集合問題**で、大問 3 も比較的容易に解けるでしょう。大問 4、5 には難問が多く、速さに関する問題（ダイヤグラムの利用）や図形問題などの出題が近年の傾向となります。大問 1 ～ 3 までを 1 問間違えくらいに抑えて、大問 4 ～ 5 の取れる問題を取ることが早中での合格点確保に必要な戦略になります。合格点の目安は 7 割くらいの点数で合格点に達するでしょう。

※　これはあくまで 2/1 受験での点の取り方になります。2/3 の試験ではまた対策が異なります。

同様にして、図2の図形を図1の図形になるように折り返すと、以下のようになる。

図2
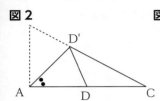

図1
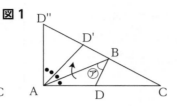

→ 三角形の内角・外角の関係の利用。
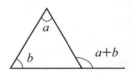

ここでも、折り曲げた前の図形と後の図形は合同な三角形となるので、三角形 ADD' と三角形 AD'D'' は合同な三角形となることから、

　　角 DAD' ＝角 D''AD' …③（●2つ分に当たる）

①、③より、

　　角 D''AD' ＋角 D'AD ＝ 90 度

　　　　●＋●＋●＋● ＝ 90 度

　　　　　　　　● ＝ 22.5 度

→ 三角形 ACD' の内角の和に注目して、
　　角 AD'B ＝ 180 － (45 + 30)
　　　　　 ＝ 105 度
として求めてもよい。

また、折り曲げられた図形の関係より、

　　角 DAD' ＝角 D''AD' …③（●2つ分に当たる）

また、三角形 AD'D'' の内角・外角の関係より、

　　角 AD'B ＝角 ADB ＝ 60 + 45

　　　　　　 ＝ 105 度

以上より、三角形 ADB の内角の和に注目して、

　　⑦＝ 180 － (105 + 22.5)

　　　＝ 52.5 度 …（答）

→ 折り曲げた図形は合同な三角形になることから、
　　角 AD'B ＝角 ADB

157

演習問題 4-2　女子学院中　　　　　　　　（p.54 参照）

★コメント★

　折り曲げ問題は、演習問題 4-1 などのように、折り曲
げた図形に等しい角を書き入れていく解法が一般的だと
お話ししたと思いますが、この問題もそのセオリー通り
解いていくことが出来ます。

→ **角度の問題は戦略的に行う。**
等しい辺や角を見つけたら、
印を書き入れる。

☞解説

　三角形 ABC を折り曲げて図 1 の図形を作ったとき、
以下の図のようになる。

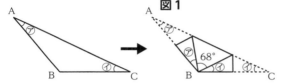

このとき、図 1 の三角形 ABC の内角の和に注目すると、

$$68 + ⑦ + ④ + ⑦ + ④ = 180$$
$$2 × (⑦ + ④) = 112$$
$$⑦ + ④ = 56$$

　同様にして、三角形 ABC を折り曲げて、図 2 の図形
を作ったとき、以下のようになる。

→ 角⑦と角④の和について
求めている。

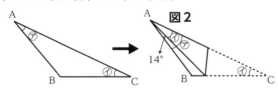

　よって、上の図より、⑦ − ④ = 14 となる。

　以上より、角⑦、角④の関係について⑦ + ④ = 56（和）、
⑦ − ④ = 14（差）となるので、和差算より、

　角⑦ =（56 + 14）÷ 2

　　　 = 35 度…（答）

　角④ = 56 − 35

　　　 = 21 度…（答）

→ 角⑦と角④の差について
求めている。

演習問題 4-3 フェリス女学院中　　　　　　　(p.54 参照)

(1)

　　長方形 ABCD を直線 EF で折り曲げている三角形 CDF は全体の $\frac{1}{6}$ となる。

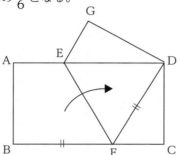

　　また台形 ABFE と台形 GDFE は折り曲げた図形なので合同であることから、対応する辺の長さは等しいので、

　　　直線 BF ＝直線 DF …①

　　また、点 E から辺 BC に垂線を下ろし、その交点を点 H とする。

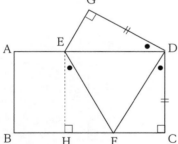

　　このとき、三角形 DFC と三角形 DEG は合同な三角形であることから、

　　　直線 EF ＝直線 DF ＝直線 DE …②

　　また、三角形 CDF と三角形 HEF も合同な三角形となることから、①、②より、

　　　直線 BF ＝直線 DF ＝直線 DE ＝直線 EF …（答）

となる。

→ 平行四辺形の面積比と辺の比の関係は瞬時に出てくるようにする。

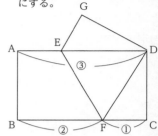

　　上の図において、平行四辺形 ABCD と三角形 CDF の面積比は、6:1 となる。
　よって、BC:CF = 3:1 が成立する。
（対角線には頼らないように）

※ **平行四辺形の対辺の辺 AD の比は必ず書き入れること。**

→ 三角形の合同が成立する理由は、
　① **3 辺がそれぞれ等しい**
　② **2 辺とその間の角がそれぞれ等しい**
　③ **1 辺とその両端の角がそれぞれ等しい**
以上の3つから説明できる。
　三角形 CDF と三角形 GDE について、
　　長方形の対辺より、
　　　CD = GD …①
　　長方形の4つの角は等しいことから、
　　　角 DCF ＝角 DGE …②
　　また、
　　　角 CDF ＝角 GDE
　　　　　= 90 －角 EDF …③
　　①、②、③より、1 辺とその両端の角がそれぞれ等しいので、三角形 CDF と三角形 GDE は合同な三角形となる。

(2)

(1)より、

　　CF：FB：BC：AD ＝ 1：2：3：3

となる。また、三角形 CDF と三角形 GDE は合同な三角形
となる。平行四辺形においてその対辺より AD ＝ BC また
台形 ABFE と台形 GDFE は折り曲げた図形なので合同であ
ることから、以上より、

　　AD：AE：EG：ED ＝ 3：1：1：2

　また、長方形の対辺より、AB ＝ DC となることから、
これを①と置いて考えると、以下の図のようになる。

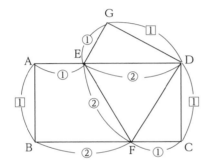

　長方形 ABCD の周りの長さは、②＋⑥

　五角形 GEFCD の周りの長さは、②＋④

となり、その差は、

　　長方形ABCD－五角形GEFCD ＝ (②＋⑥) － (②＋④)

　　　　　　　　　　　　　　　＝②

　以上より、この差は辺 BC の長さの

　　②÷③＝$\dfrac{2}{3}$倍 … （答）

(3)

　四角形 GEFD は台形であり、辺 GE：辺 DF ＝ 1：2 と
なることから面積比は、

　　三角形 GEH：三角形 GHD：三角形 EFD ＝ 1：2：6 …⑺

となる。

→ ここでは割合を上手く用いて、
　　CF ＝①、FB ＝②、BC ＝③
　とおいて考えると考え易くな
　る。

→ ここでも同様にして、割合
　を上手く用いて、
　　AE ＝ FG ＝①、ED ＝②
　とおいて考えると考え易く
　なる。

→ 図より、
　　CD ＝ GD ＝①
　また、(1) より、
　　GE ＋ EF ＋ FG
　　＝①＋②＋①
　　＝④
　となることがわかる。

→ 台形の面積比は覚えておく
　とかなり便利。

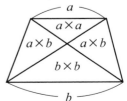

また、辺 AE：辺 ED ＝ 1：2 となることから、

　三角形 EFD：長方形 ABCD ＝ 2：6

　　　　　　　　　　　　　　＝ 6：18

以上より、三角形 GHD の面積は長方形 ABCD の面積の、

②÷⑱＝$\frac{1}{9}$ 倍 … （答）

→ ㋐の式の三角形 EFD ＝⑥に
そろえる。

演習問題 5-1　慶應義塾中等部　（p.68 参照）

★コメント★

　図形の分割と構成の典型的な問題になります。この手の
タイプはピタゴラス数をそのまま当てはめると答えが出た
りするなど、割と解き易い問題の印象が強いのではないで
しょうか？　しかし、この問題に関してはそういった裏技
を用いることは出来ません。正攻法で攻略していくしかな
さそうです。**斜辺に 12㎝を使っている時点でピタゴラス
数は封じている**ことには気づいて欲しいところです。

　また、この問題は**方陣算の中空方陣**や**正方形の分割によ
る求積問題**などのよくある問題の出題パターンになりま
す。以下のような形が出題されたのならば即座に反応出来
るようにしておくのがベストです。

（中空方陣の考え方）　　（正方形を分割した図形の求積問題）

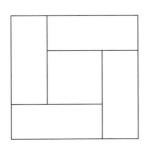 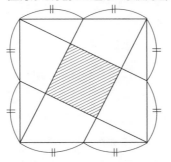

　なお、方陣算は上の図のように図を書いて図形的に考え
ていく方法が効果的です。本書は図形問題に関する問題を
扱っていますので、別の機会でお話したいと思います。

→　慶應義塾中等部は、都内の
私立共学校ではトップレベル
の難易度を誇ることで有名で
す。特に女子の難易度がその
募集人数の少なさ（男子 140
名に対して女子は 50 名）も
あり狭き門となっています。
ですから、女子受験生で慶應
義塾中等部を目指す場合は各
塾でも上位の位置にいる必要
があります。また、卒業後の
進路は男子の大半は慶應義塾
高校（日吉）、女子の大半は
慶應義塾女子高校（三田）へ
とそれぞれ進学しています。
　出題される問題は難問と言
われるものは出題されず、基
本〜標準的な問題を数多く出
題し、**各分野から満遍なく出
題**されています。そして、そ
の問題数も比較的多いのが傾
向と言えます。ですから、**短
時間でより多くの問題を処理
すること**を心掛け、**基本問題
を手際良く処理すること**が大
事になります。一行問題など
をまとめて短時間で演習する
機会などは設けるべきでしょ
う。また、基本〜標準問題が
出題されているので、合格点
が高くなる傾向にあるのはご
想像の通りです。
　大問 1 〜 4 はそこまで難問
が出題されるわけではないの
でミスが許されない問題と言
えます。**日頃の一行計算演習
などが重要**になってくるで
しょう。対策するべきは、後
半部分の問題で頻出となる**図
形問題**と**数論問題**をどのよう
に攻略するかになります。こ
この取り組み方が合否を大き
く左右すると言えます。

☞解説

外側の直角三角形の斜辺以外の2辺をそれぞれ a、b とすると、以下のようになる。

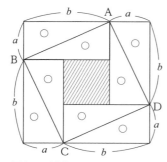

直角三角形の周りの長さが26cmであることから、

$$a + b = 26 - 12$$
$$= 14$$

よって、正方形 ABCD の周りにある4つの直角三角形の和は、

$$14 \times 14 - 12 \times 12 = 196 - 144$$
$$= 52 \, cm^2$$

これが直角三角形4つ分の面積の和になるので、求める部分は大きな正方形から直角三角形8つを引いたものになるので、

$$14 \times 14 - 52 \times 2 = 196 - 104$$
$$= 92 \, cm^2 \cdots （答）$$

演習問題 5-2 灘中　　　　　　　　　　(p.68 参照)

★コメント★

演習問題 5-1 と同様の図形の分割と構成の問題ですが、先程の問題と比較すると少し答えに到達するまでの手順が複雑化していることがわかると思います。小さな正方形の面積から内接円の面積を引けば答えが出せることは気付くと思います。その際に、**円の半径×半径は必ず図中に作図**をして答えを出すようにすることを心掛けて下さい。

それはやはり時間内に正解するのが厳しい問題は後回し、**解ける問題を確実に正解していくという臨機応変さ**を身に付けることが大切となります。**場合の数などは難易度がかなり高い問題も出題される**ことがあるので、そのような問題を考えるのならばケアレスミスのチェックなどの見直しに時間を割くべきです。

また、解答用紙がマークシート形式に近い特有のものになっています（数字を書くタイプ）ので、**答えを2桁で求めるなどのヒントが隠れている**ことも戦略上知っておくようにしてください。

→　$a+b$ を求めるのは正方形の一辺の長さを求めているのと同じ。

→　ここでは図のように直角三角形1つの面積を○としているので、○が4つ分の面積の和を求めることができる。

☞**解説**

以下の図のように正方形 ABCD の中に正方形 EFGH が内接しているものとして考えていく。

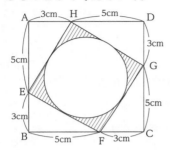

→ 答えを出すまでの方針を最初に立ててから答えを求めるようにすること。ここでは、小さな正方形 EFGH の面積から内接円の面積を引いたものが答えとなる。
　このような、**解答方針を最初に立てておくことは、図形の求角問題と同様。**

小さな正方形 EFGH の面積は、

$$8 \times 8 - 3 \times 5 \times \frac{1}{2} \times 4 = 64 - 30$$
$$= 34\,\mathrm{cm}^2$$

→ 円の半径×半径を求めるためには、正方形 EFGH の面積が必要になる。

また、正方形 EFGH に内接する円の半径は求めることが出来ないので、半径×半径に相当する部分を作図すると以下の太線部分のところになる。

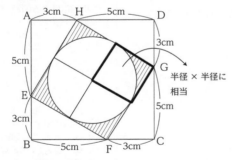

→ この問題のように、様々な内容が入っているような問題では丁寧に条件を整理する必要がある。故に、半径×半径に相当する部分を必ず作図をする習慣を付けておくこと。また、頭の中で処理出来るケースもあるが、かなり慣れがいるのでそのような解法を用いる場合は細心の注意を払うこと。

よって、内接円の半径×半径の値は、

$$半径×半径 = 34 \times \frac{1}{4}$$
$$= \frac{17}{2}$$

以上より、斜線部分の面積は、

$$34 - \frac{17}{2} \times 3.14 = 34 - 26.69$$
$$= 7.31\,\mathrm{cm}^2 \cdots（答）$$

演習問題 *5-3*　洛星中　　　　　　　　　　(p.68 参照)

★コメント★

　高校入試では頻出となるテーマですが、中学入試では割と珍しい部類に入るかもしれません。三角形の五心 (重心、内心、外心、垂心、傍心) に関する問題で、重心という言葉は理科などでも馴染みがあるのではないでしょうか？

　理科的な意味合いでは、**重心とは全てのおもさがかかる点**のことでしたが、算数ではあまり出題されているのを見たことがありません。重心の比の 2：1 など重要な項目がありますが、出題される学校は限られてくるでしょう。この問題のテーマとなっている**内心とは内接円の中心**のことで、その定義は**三角形のそれぞれの角の二等分線の交点**ということになります。また、定義というのは中学受験生には不要なものになりますので、内心がそれぞれの角の二等分線の交点になることを知っておけばいいです。そこまで**深追いしても仕方ありません**。本音はこういうのが楽しい部分なのですが（笑）。具体的に見てみると以下の通りになります。

　つまり、上の図において、**三角形 IAE と三角形 IAF は合同な三角形**となります（これ以外にも 3 つの三角形の合同が出来ていることを押さえておくとよい）。ですから、**辺 AE と辺 AF は等しくなる**ことを利用してこの問題を解くことも出来ます。それは別解で扱いたいと思います。実際には補助線を引いて解いていく解法が有効な手段になります。

→　洛星中は北野天満宮や金閣寺が点在する京都府北区にあるカトリック系の中高一貫男子校で伝統的に医学部に強い傾向にあります。京都の医者の 4 割が洛星出身と言われています。校風は京都の風土とフランスのカトリックが融合して、厳格さと自由な精神が混在した独特の校風です。教育方針は、キリスト教精神に基づく『全人教育』を目標に掲げており、進路指導なども生徒の希望を尊重したきめ細かい対応をしています。

　入学試験は前期日程と後期日程がありますが、やはり後期日程の方が実質倍率は高くなるのは仕方ありません。洛星中を第一志望にする受験生は絶対に前期日程での合格を勝ち取りたいところです。

　入試問題は各分野から満遍なく出題されますが、**比較的難易度の低い平面図形、割合と比に関する問題は確実に得点**したいところ。その上で、**速さに関する問題、立体図形、数論問題**に取り組んでいくと良いです。数論問題は他校の入試問題も学習効果が極めて高いです。速さの問題は毎年頻出の単元で**リード文が長い**のも特徴です。どちらの問題にしても、問題の意図を把握した上で丁寧な条件整理を施していく必要があります。つまり、日頃より**問題を徹底的に考えるという学習スタイルを築き上げること**が合格への近道になるでしょう。何となく理解して、終わらせないようにすることが大事です。合格点の目安は 6 ～ 7 割程度の得点の確保でしょうか。問題の要所で複雑な計算を要求されるので、**強靭な計算力を付けておくこと**は必須と言えます。

☞**解説**

三角形 ABC に内接する円の接点をそれぞれ点 D、E、F として、円の中心 I から点 A ～ F に補助線を引くと以下の図のようになる。

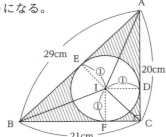

→ 斜線部分の面積を求めるには、直角三角形に内接する円の半径を求めなければならない。

直角三角形 ABC の面積は、

$$21 \times 20 \times \frac{1}{2} = 210\,\text{cm}^2$$

また、円の半径を①とすると、三角形 AIC、三角形 BIC、三角形 AIB の面積の和は三角形 ABC になるので、

$$⑩ + \left(\frac{㉑}{2}\right) + \left(\frac{㉙}{2}\right) = 210\,\text{cm}^2$$

$$㉟ = 210\,\text{cm}^2$$

$$① = 6\,\text{cm}$$

よって、斜線部分の面積は、

$$210 - 6 \times 6 \times 3.14 = 210 - 113.04$$

$$= 96.96\,\text{cm}^2 \cdots（答）$$

→ 円の半径を①とすると、それぞれの三角形の面積は、

三角形 AIC $= 20 \times ① \times \dfrac{1}{2}$

$\qquad\qquad = ⑩$

三角形 BIC $= 21 \times ① \times \dfrac{1}{2}$

$\qquad\qquad = \left(\dfrac{㉑}{2}\right)$

三角形 AIB $= 29 \times ① \times \dfrac{1}{2}$

$\qquad\qquad = \left(\dfrac{㉙}{2}\right)$

☞**別解**

三角形 ABC に内接する円の接点をそれぞれ点 D、E、F とすると、以下の図になる。

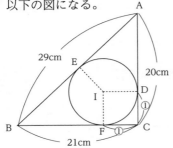

→ 下の図において、合同であることを利用すると、

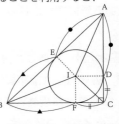

FC = CD、AD = AE、EB = BF
が成立する。

いま、FC ＝ DC ＝①とすると、

AD ＝ AE ＝ 20 −①cm

BF ＝ BE ＝ 21 −①cm

また、辺 AB の長さは辺 AE と辺 BE の和になるので、

$$20 −①+ 21 −① ＝ 29$$
$$41 −② ＝ 29$$
$$② ＝ 12$$
$$① ＝ 6 cm$$

よって、斜線部分の面積は、

$$210 − 6 × 6 × 3.14 = 210 − 113.04$$
$$= 96.96 cm^2 \cdots （答）$$

→ 成立する理由については、228 ページを参照のこと。

→ このようなマルイチ算の処理に困った場合は以下のような線分図を書いて処理をしていくとよい。

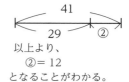

以上より、
②= 12
となることがわかる。

演習問題 6-1　神戸女学院中　(p.73 参照)

★コメント★

　例題とは異なり今度は円を利用した求積問題です。このような見たことないような図形の求積問題が出題された場合の取り組み方としては、まずはセオリー通りの補助線などを引いてみます。その上で例題 5 にあるような図形のテクニックが使える形になっているのかを確認します。それが出来ない場合の対処法が今回のポイントになります。もし、そのような問題が出題された場合は処理の方法として代表的なものとして、**図形を移動させて見たことのある形に変形させていきます**。このように、図形問題などは**見たことある形に変形させるのが基本スタイル**となります。

```
解答の指針　見たことのない図形の対処方法
① 図形問題は補助線などを引いて見たことのある形に
　 なることが極めて多い
② ダメなものは図形を移動させる
```

→　神戸女学院中学部は関西の難関女子進学校の筆頭となる関西最古のミッションスクールです。進学実績は非公表であることは有名で、その実績は不明です。しかし、ネットなどの情報からその実績の素晴らしさはわかります。ある年の実績は東大 17 名現役合格（理Ⅲ 3 名）、京大 28 名現役合格（医学部 2 名）などの素晴らしい実績が出ています。しかし、実態は謎に包まれています。

　『愛神愛隣』の精神のもと全人的教育を展開している。宗教色は強い学校であるが、制服の指定などはなく生徒の自主性を重んじた自由な校風の学校であると言えます。

　試験日程は 2 日にかけて行われます。初日に算国理社の筆記試験、2 日目には体育実技を行います。算数の入試問題は以前の男子受験生でも厳しいような問題を出題していましたが、現在では**算数が苦手な受験生でも対策次第で十分合格点を狙うことが可能な問題**になっています。処理能力よりは、思考力を要求するような問題を出題しています。

☞**解説**

(1)

　円 O の周上にある点をそれぞれ A ～ E として、AC と BE の交点を F とする。いま、点 A と点 D を結ぶと円の直径となり、以下のような図になる。

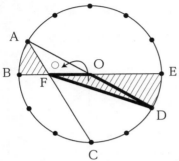

　このとき、等高三角形から、三角形 OAF と三角形 ODF の面積が等しいことより、求める部分は半径 9cm、中心角 30 度のおうぎ形の面積が 2 つ分と等しくなることから、

$$9 \times 9 \times 3.14 \times \frac{1}{12} \times 2 = 13.5 \times 3.14$$
$$= 42.39 cm^2 \cdots （答）$$

(2)

　円 O の周上にある点をそれぞれ A ～ F として、円の直径 AE と FB の交点を G とする。いま、点 C から円の中心 O を通るように直径を結び、円周上の交点を H、円の中心 O から点 D を結ぶと、以下の図のようになる。

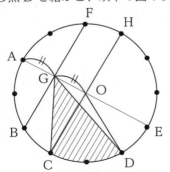

　その算数の問題は、**頻出となる速さに関する問題**の攻略をするところから始めるのが吉。**状況を細かくダイヤグラムなどに整理をする訓練**をして、様々な出題形式を経験しておく必要があります。**数論問題などは慣れてしまえば、確実に得点源**になります。平面図形の問題は**相似比・面積比**を中心に、立体図形は**複合立体の体積・表面積**を求めるものが多いです。計算力が必要な問題も出題されていますので、**計算力を付ける訓練は必須**でしょう。どちらにしても、**差が出るのは速さに関する問題**です。点の移動なども含めて、隙をなくしていくように対策を立ててください。得点の目安としては他科目の兼ね合いもありますが、6 割くらい取れていれば十分と言えます。

→ この答えは問題の図より、円全体の $\frac{1}{6}$ にあたることを把握しておく。

おうぎ形 OCD の面積は、円を 6 等分したものと同じになるので 42.39 cm² となる。また、三角形 OGC は底辺 OC が 9 cm、高さ OG が 4.5 cm の三角形となるので、その面積は、

$$9 \times 4.5 \times \frac{1}{2} = 20.25 \, \text{cm}^2$$

次に、三角形 OGD について、点 D から直径 AE に引いた垂線を作図すると以下の図のようになる。このとき垂線と直径 AE の交点を I とする。

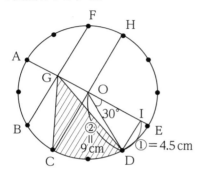

いま、円の中心 O と点 D を結ぶと、三角形 OID は三角定規（30 度定規）になることから、OD : DI = 2 : 1 となるので、DI の長さは 4.5 cm となることから、三角形 OGD の面積は、

$$4.5 \times 4.5 \times \frac{1}{2} = 10.125 \, \text{cm}^2$$

以上より、斜線部分の面積は、

$$42.39 + 20.25 - 10.125 = 62.64 - 10.125$$
$$= 52.515 \, \text{cm}^2 \cdots （答）$$

→ 算数の難問は、**前問の結果を用いて、次の問題の答えを導いていくもの**が多い。

　わからなくなったら、前の問題に戻ることも大切。

→ 三角形 OGC の高さ OG に関しては、正六角形の分割を用いて考えると、辺 OA が 2 等分されているのがわかる。

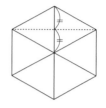

→ 最初におうぎ形 OCD の面積を 42.39 と出しているので、他の面積も分数ではなく小数で求めて計算をし易くするように工夫をする。

演習問題 6-2　算数オリンピックファイナル　(p.73 参照)

★コメント★

　算数オリンピックからの出題。もし、このような問題が中学入試で出題されたならば、**仮に答えまで出なかったとしても、途中まで出せれば部分点を与えるなどの採点基準**が設定されているはずです。ですから、**自分の考えたことやここまでは出たということは必ず書いておく習慣**を付けることが大切です。また、途中式などの解答の形式は各学校で様々で、スペースなどの都合もあると思いますので過去問などを通じて、どこまで表現すればいいのかなどの戦略を事前に立てておくことが大切になります。もちろん、正解するに越したことはありません。ただ正解をするには、問題を何問も何問も解いて出題の傾向などを知り、この問題は (根拠はなくても) 大体この形になるだろうという算数的なセンス (いわば筋肉みたいなもの) が必要になります。

☞解説

　正方形 PQRS を PR で折り曲げると、以下の図になる。

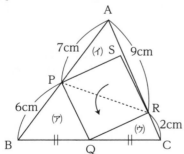

このとき、三角形 BPQ の三角形 ABC に対する割合は、

$$三角形 BPQ = \frac{6}{13} \times \frac{1}{2} \times 三角形 ABC$$

$$= \frac{3}{13} \times 三角形 ABC$$

→　算数オリンピックとは、文部科学省指導要領に沿った内容で出題されていますが、その問題はかなり難問です。算数オリンピックは小学校6年生以下、ジュニア算数オリンピックは小学校5年生以下など、学年により受験資格が異なります。また、小学生を対象とした問題にはなりますが、大人でも解くのが厳しいような難問も出題されます。また、苦労させて難問を解かせるというよりは、算数の面白さをわかって欲しいというような意図が汲み取れるような良問が揃っています。問題の条件を整理して、諦めずに粘り強く考える力を育む必要があり、中学受験に通ずる部分はあります。

　中学受験生で、且つ算数を相当鍛えているという受験生が実力を測るために受験するというのが適度な扱い方になります。あくまで、目標は第一志望校合格ということを忘れてはいけません。

→　正方形 PQRS を PR で折り曲げると、以下のような一度は経験したことのある図形にすることが出来る

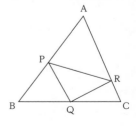

同様にして、三角形 CQR と三角形 APR の三角形 ABC に対する割合をそれぞれ求めると、

$$三角形 CQR = \frac{2}{11} \times \frac{1}{2} \times 三角形 ABC$$

$$= \frac{1}{11} \times 三角形 ABC$$

$$三角形 APR = \frac{7}{13} \times \frac{9}{11} \times 三角形 ABC$$

$$= \frac{63}{143} \times 三角形 ABC$$

よって、三角形 PQR の三角形 ABC（ここでは①とする）に対する割合は、

$$三角形 PQR = ① - \left(\left(\frac{3}{13}\right) + \left(\frac{1}{11}\right) + \left(\frac{63}{143}\right) \right)$$

$$= \left(\frac{34}{143}\right)$$

となることから、三角形 PQR：三角形 ABC = 34：143 で、三角形 PQR は正方形 PQRS の面積の $\frac{1}{2}$ 倍となるので、

正方形 PQRS：三角形 ABC = 68：143 …①

次に、正方形 PQRS の周りの図形を(ア)、(イ)、(ウ)とする。その後、(ア)の三角形と(ウ)の三角形を正方形 PQRS の内部に90 度回転させると、以下の図のようになる。

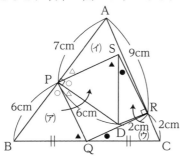

このように移動させたとき、点 B と点 C の交わる点を D とすると、(ア)と(イ)と(ウ)の面積の和は三角形 ADR と三角形 ADP の面積の和になることより、それぞれの面積の和を求めると、

$$三角形 ADR = 9 \times 2 \times \frac{1}{2}$$

$$= 9 \, cm^2$$

→ 一角共有型の図形の面積比より言える。以下の図において、

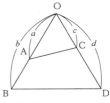

三角形 OAC

$$= \frac{b}{a} \times \frac{c}{d} \times 三角形 ABC$$

が成立する。

※成立理由については以下の通り

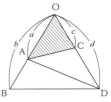

上の図において、点 A と点 D を結ぶと等高三角形より、

$$三角形 OAD = \frac{c}{d} \times 三角形 ABC$$

同様にして、三角形 OAD についても等高三角形を用いて、

$$三角形 OAC = \frac{b}{a} \times \frac{c}{d} \times 三角形 ABC$$

→ この図形の移動はかなり難解である。まず、(ウ)を点 R を中心に 90 度時計周りに回転させる。

(イ)も 90 度反時計回りに回転させるが、ここでは●と▲の和が 90 度になることに注目すると、角 PSR が 90 度になる。また、PQ = PS は正方形 PQRS の一辺であること正方形 PQRS の内部に回転移動させることができる。

三角形 ADP $= 7 \times 6 \times \dfrac{1}{2}$

$= 21 \, \text{cm}^2$

よって、三角形 ADR ＋三角形 ADP の面積の和は、

$9 + 21 = 30 \, \text{cm}^2$

①より、三角形 ADR ＋三角形 ADP と正方形 PQRS の面積比は 75：68 となることから、

㊅ $= 30 \, \text{cm}^2$

㊊ $= 27.2 \, \text{cm}^2 \cdots$（答）

→ (イ)を 90 度反時計周りに回転させるとき、●と▲の和が 90 度になることに注目すると、角 APD が 90 度になるので、三角形 ADP の面積を求めることが出来る

演習問題 7-1　甲陽学院中　（p.82 参照）

★コメント★

この問題は厳密に言うと図形問題ではなく、規則性の問題に分類されます。この問題は正三角形の一辺を 3 等分して、そこから新たな正三角形をどんどん作成することが出来ます。このような、一般的に図形の細部は複雑な形をしているが、図形を拡大するとその細部に変化は少なくなり滑らかな形状になる。また、より細かく測定すると大きく測定していた場合では無視できたような繊細な形が測定できるようになる。このような図形を『フラクタル図形』という。図形という名称が付いているものであるので、本書では扱うことにしました。

また、規則性の問題であることに変わりはありませんので、**数え上げて表にしていく**などの**手作業による規則の発見**が効率的なことは変わりません。難関校の入試問題は、このような一見して解答の方針が立たないものが多く出題されて、**規則を発見するまでの手作業が大事**と言えます。

→ 簡単に言うと、この問題の場合は操作を何回も細かく行ったとしても、形が変わらない図形のこと。また、大きく測定しても、小さく測定しても形の変わらないような図形のこと。代表的なものとして、メンガーのスポンジなどがある。

```
解答の指針　規則性の問題の解法
  解答の方針が立たないものは数え上げて、表などに整
  理して規則を発見する
```

☞解説

(1)

　図 1 の図形を正三角形に分割すると、以下のようになる。

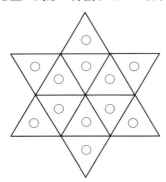

　上の図において、正三角形の面積が $4374\,\text{cm}^2$ となり、これは小さな正三角形 9 個分に当たることから、

　　⑨＝ $4374\,\text{cm}^2$

　　⑫＝ $5832\,\text{cm}^2$ …（答）

(2)

　図 2 の図形の一部分に注目して正三角形に分割すると、以下のようになる。

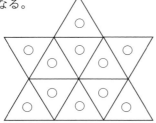

　分割した後の小さな正三角形 1 つの面積は、

　　⑨＝ $4374\,\text{cm}^2$

　　①＝ $486\,\text{cm}^2$

　上の図より、新たに増えた正三角形 1 つ分の面積は、

　　⑨＝ $486\,\text{cm}^2$

　　①＝ $54\,\text{cm}^2$

→　正三角形は以下のような 3 分割、4 分割の方法を確実に出来るようにしておく

　これを利用すると、9 分割することも可能

※このように、正三角形はいくらでも平方数分割することが可能

→　正三角形を 9 等分したもののうちの 1 部分に注目している。

ここについて考えていく

以上より、新たに正三角形は 12 個増えていることから、求める部分の面積は、

$$5832 + 54 \times 12 = 5832 + 684$$
$$= 6480\,\text{cm}^2 \cdots \text{（答）}$$

→ (1) より分割前の図形の面積は 5832 cm^2 と求めていることを利用して解くと良い。

(3)

(1)、(2)より、操作をしていくと増えていく辺の数の規則は以下の図のようになり、

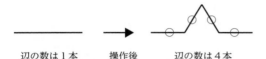

辺の数は 1 本　　操作後　　辺の数は 4 本

よって、辺の数は操作前の 4 倍になり、これは次の操作で増える小さい正三角形の数と同じことがわかる。

また、構成する最小の正三角形の面積についても、同様にして図にして考えていくことにより、

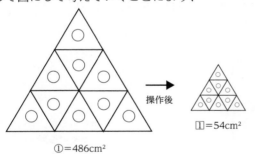

操作後

①＝486cm²　　　□＝54cm²

よって、構成する最小の正三角形の面積は操作前の $\frac{1}{9}$ となる。以上を表に整理すると、

→ 図 1 の操作前は正三角形であることから、それを基準にして考えると以下のようになる。

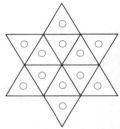

以上をまとめると、この場合の面積の求め方について考えると、構成する最小の正三角形の面積は (1) より 486 cm^2 となる。辺の数が 3 本より、正三角形は 3 個増えることから、その面積は、

$$4374 + 486 \times 3 = 5832\,\text{cm}^2$$

となる。

操作回数	最初	1	2	3	4	…
辺の数	3 本	12 本	48 本	192 本	768 本	…
増える正三角形の数		3 つ	12 つ	48 つ	192 つ	…
正三角形の面積	486 cm²	54 cm²	6 cm²	$\frac{2}{3}$ cm²	$\frac{1}{9}$ cm²	…
合計	4374 cm²	5832 cm²	6480 cm²	6768 cm²	6896 cm²	…

よって、(2)から1回目の操作について考えていくと、2の操作時の辺の数が48本、正三角形の面積が $54\,\mathrm{cm}^2$ となることから、次の操作での面積の和は、

$$6480 + 54 \times \frac{1}{9} \times 48 = 6480 + 288$$
$$= 6768\,\mathrm{cm}^2$$

同様にして、上の操作時においての辺の数が192本、正三角形の面積が $6\,\mathrm{cm}^2$ となることから、次回操作時の面積は、

$$6768 + 6 \times \frac{1}{9} \times 192 = 6768 + 128$$
$$= 6896\,\mathrm{cm}^2\cdots（答）$$

→ 作図をして求めてもいいのだが、作図が非常に面倒でミスをし易いと思うので、ここは規則性を発見して計算で求めた方がよい。

演習問題 7-2　武蔵中　　　　　　　　　（p.83 参照）

★コメント★

　この問題の図形に関しても一度は経験したことのある人もいるかもしれません。問題自体は例題のような図形の構成と同様で真ん中にある正八角形を合同な図形が囲んでいるような構成になり、以下の通りになります。

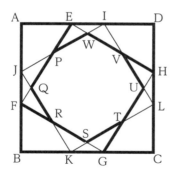

この図形も複雑に見えるかもしれませんが、図形の構成を正しく把握をした上で**1つ1つの図形を書き出した上で辺の長さなどを丁寧に求めていく**ことで正解することが出来ます。図形が複雑になったとしても、問われていることは基本事項についてということがほとんどです。考えにくい場合は必要な部分だけを書き出して解くようにする癖を

→　武蔵中は自由でアカデミックな校風で生徒の自主性を最大限に尊重する校風で知られています。自由な校風であることから生徒個人が責任ある行動を求められるのは言うまでもありません。教育方針は『世界的舞台で活躍できる人物』『自ら調べ自ら考える人物』としており、入試問題も四教科全てが記述方式で、その方針が色濃く出ています。理科の袋問題などの様々な考察をする問題にそれが色濃く表れています。それこそ、**日頃から何事にも考える姿勢を持っている受験生が合っている学校**です。

　算数の問題は大問4題構成の試験で、問題は手書きなのが特徴的です。また、全て記述問題にしているのは受験生の解答を大切にしたいという思いがあるのではないかと考えています。ですから、**途中式などは丁寧に他者に伝える方針を忘れずに**日々の学習を行って下さい。そこまで難問は出題されておらず標準的な問題の出題が多い傾向になります。

つけた上で問題に臨むようにして下さい。まとめておく
と以下の通りになります、複雑な図形の考え方は大切な
ので習慣化することが大切です。

> **解答の指針　複雑な図形問題に対する取り組み方**
> **複雑な図形は考えにくいので、必要な部分だけを書き**
> **出して丁寧に求めることを心掛ける**

☞**解説**

(1)

　図2の図形において、辺や角度が等しい部分に印をつ
けると以下の通りになる。

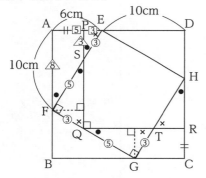

　上の図において、2角がそれぞれ等しいので、三角形
FAE と三角形 SPE、三角形 SFQ、三角形 QGT は相似
な三角形となる。また、三角形 SFQ と三角形 QGT は
AP ＝ CR より合同な三角形となるので、

$$SF : FQ = QG : GT = FA : AE$$
$$= 10 : 6$$
$$= 5 : 3$$

　また、四角形EFGHは正方形なので、一辺を⑧とすると、

$$SE = ⑧ － ⑤$$
$$= ③$$

となることがわかる。

出題の傾向は、**平面図形（相
似な図形と面積比は頻出）、
速さに関する問題、割合に関
する問題、論証問題（数論問
題）**からの出題になります。
特に近年は大問1などに関し
ては確実に正解しないと挽回
が難しくなっていますので、
確実に正解する訓練をしてお
くようにして下さい。数論問
題などは様々な単元の融合形
式で出題されることもあり、
全てを正解するというよりも
**どこまで正解出来るかという
部分点が大切**になってきま
す。思考力を要する問題を徹
底的に鍛えていくようにして
下さい。

→ 図形問題は**等しい辺や角に
印を付ける**こと。

→ 問題より、正方形 ABCD の
内部に正方形 PQRD がある
ことより、AP ＝ CR が成立
する。

→ 直角をはさんだ三角形の相
似を発見すること。この形
は頻出なので覚えておくと
良い。

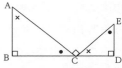

三角形 ABC と三角形 CDE は相似

また、三角形 SPE と三角形 FAE は相似な三角形なので、ES：SF = EP：PA = 3：5 となることから、AP（= CR）の長さは、

⑧= 6cm

⑤= $3\frac{3}{4}$ cm

同様にして、SP の長さについても、

⑧= 10cm

③= $3\frac{3}{4}$ cm

となることから、SQ の長さは、

SQ = AB − (PS + CR)

$$= 16 − \left(3\frac{3}{4} + 3\frac{3}{4}\right)$$

$$= 8\frac{1}{2} \text{ cm} \cdots（答）$$

(2)

　正八角形 PQRSTUVW は、下の図のように合同な図形で囲まれているので 1 つ当たりの面積を求める。

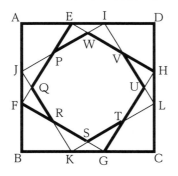

→ 囲まれた 1 つ辺りの面積を求めるには、三角形 FBG と三角形 GKT の面積の和から、三角形 SGK を引いて求めれば良い。

上の図において、太線で囲まれた部分 1 つの面積は、

三角形 FBG ＋三角形 GKT −三角形 SGK

で求めることが出来るので、1 つ 1 つの面積を求めていくと、三角形 FBG の面積は、

$6 × 10 × \frac{1}{2} = 30 \text{ cm}^2$

次に、GT と TK の辺の比を図形のてんびんを用いて考えると、

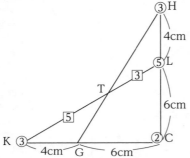

KT：TL＝5：3となることから、三角形 GKT の面積の高さは、

⑧＝6cm

⑤＝$3\frac{3}{4}$ cm

となるので、その面積は、

$4 \times 3\frac{3}{4} \times \frac{1}{2} = 7\frac{1}{2}$ cm²

また、三角形 SGK と三角形 SLF は相似な三角形となることから、

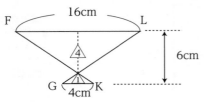

よって、三角形 SGK：三角形 SLF＝1：4となることから、三角形 SGK の高さは、

⑤＝6cm

①＝$1\frac{1}{5}$ cm

となるので、その面積は、

$4 \times 1\frac{1}{5} \times \frac{1}{2} = 2\frac{2}{5}$ cm²

以上より、求める正八角形の面積は、

$16 \times 16 - 4 \times \left(30 + 7\frac{1}{2} - 2\frac{2}{5}\right) = 256 - 4 \times 35\frac{1}{10}$

$= 115\frac{3}{5}$ cm² … （答）

→ これは図形のてんびんという方法で求める。または、メネラウスの定理を用いて答えを出しても良い。メネラウスの定理を用いると以下のように求める。

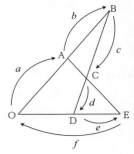

以上より、

$\frac{b}{a} \times \frac{d}{c} \times \frac{f}{e} = 1$

が成立する。

※ 図形のてんびん（メネラウスの定理）については 230 ページを参照のこと。

→ 小数で計算して処理をしていっても良い。

演習問題 7-3　桜蔭中 (p.83 参照)

★コメント★

　問題の設定自体はシンプルですが、実際に解いてみると出せそうで出せないような事態に陥るのではないでしょうか。様々な要素がミックスされた良問であると言えます。道順の面積の問題になるので、とりあえず道を端に全て寄せることをしそうになりますが、それをしても先に進みにくくなるだけです。あ、いの横の長さの比、う～おの横の長さの比が道の幅が与えられていることから求めることが出来そうなので、ここは道を動かさずに考えていくようにした方が良さそうです。やみくもに図形を動かしてはいけません。なるべく動かさずに解くのは先述の通りになります。

☞ **解説**

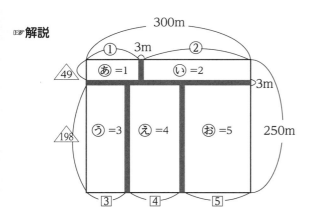

　上の図において、あといの面積比が 1：2 である。よって、その横の比は 1：2 となるので、あの横の長さは、

　　③＝ 297 m

　　①＝ 99 m

　同様にして、う：え：お＝ 3：4：5 なので、えの横の長さは、

　　⑫＝ 294 m

　　④＝ 98 m

→ 東京都内には女子御三家と呼ばれる学校があります。プロテスタントの女子学院、カトリックの雙葉と本項で取り上げるお茶の水女子大の分家的存在の桜蔭です。偏差値や進学実績でも御三家の中でも群を抜いた存在であり、日本一の女子進学校と言っても差し支えないでしょう。理系偏重ではないのに理系進学率が 70% 以上でその半数は医学部に進学していると言います。開成同様、進路に関しては大学受験に重きをおいた指導は行っていません。校訓は『勤勉・温雅・聡明であれ』『責任を重んじ、礼儀を厚くし、よき社会人であれ』です。これは、都内で桜蔭生を見かければ納得できるところです。

　入試問題全般でいえることは知識よりも**思考力を重視した問題**になってきています。算数の問題自体は標準的な問題が出題され、6 割の得点を目安にして下さい。**立体図形の問題で思考力を規則性の問題で処理能力を見ているような問題構成です。和と差・割合と比・速さなどの文章題の典型問題**を一通り解けるようにした上で、様々な設定で出題されている**頻出の平面図形・立体図形の練習をしておく**と良いです。特に**立体の切断**などは男子の難関校受験生でも苦戦をする問題を出題してきます。**規則性は難問まで対応可能にしておく**とともに、**水槽に水を入れる問題、立体の体積・表面積、立体の切断などを中心に立体の構成を掴む練習**をしておくと良いでしょう。

よって、㋐：㋔＝ 1：4 となることから、そのたての
長さの比は、

㋐：㋔＝$\frac{1}{99}$：$\frac{4}{98}$

　　　＝ 49：198

となることから、㋔のたての長さは、

$\frac{247}{99}$ ＝ 247 m

$\frac{198}{99}$ ＝ 198 m

以上より、㋔の面積は、

98 × 198 ＝ 19404 m^2 …（答）

→ 長方形のたての長さの比を
求めるには、
　　面積比÷横の長さの比
で求めることが出来る。忘
れ易いので注意をすること。

演習問題 8-1 渋谷教育学園幕張中 （p.94 参照）

★コメント★

　今回は、2 題構成の問題になります。(1)は、平面図形
の相似比・面積比の問題ですが、このようなタイプの問
題は①は確実に正解をすることが必須になります。その
上で、②が正解出来るかどうかが大事になってきます。
先程の例題のときにも言ったことかもになりますが、こ
のような**平行四辺形に代表される相似比や面積比の問題
は入試本番で落とすことの出来ない問題**になります。様々
な問題設定を経験して、得意分野にしておくのが合格へ
の近道になります。なお、この問題はその中でもかなり
珍しいタイプの出題になるので、考え方をよく学んで解
法の意味を理解して下さい。全体的な流れはいつもと同
じで代表的な相似形を探して辺の比を求めるところまで
は同じです。そこから先がいつもと少し違ってきますの
で、考え方を確実に定着させるようにして下さい。

　また、(2)は強引に答えを出そうとしても絶対に出すこ
とが出来ません。これは図形の構成を考えて、いままで
見たことのあるような図形に変形が必要な問題になりま
す。これについても、算数の図形問題は基本的に見たこ

→ 渋谷教育学園幕張中 (以下、
渋幕とします) は、1983 年
に産声を上げた新しい進学
校で、その 3 年後に附属中
学も新設されました。公立優
位の地である千葉というこ
ともあってか、当初は公立
高校の受け皿的存在でした
が、21 世紀になると東大合
格者数で躍進を始めます。現
在では東大合格者数も全国
トップ 10 に入る学校になっ
ています。教育目標は『自
調自考の力を伸ばす』『倫理
感を正しく育てる』『国際人
としての資質を養う』こと
で、海外の大学にも合格者を
輩出しています。実際に語
学の授業レベルが高いこと
で知られています。共学校
であることから、女子の入
試は厳しい戦いになります。
試験日程は 2 回ありますが、
二次試験は一月の試験の補
充という意味合いもあり、か
なりの狭き門で実力だけで
は突破出来ない場合もあり
ます。ですから、渋幕第一
志望の受験生は一月の試験
(1/22 実施) で何としてでも
合格を勝ち取りたいところ
になります。

とある形に変形することが大切だというのは以前にお伝えした通りです。ヒントとして与えられているのが、パズルの欠片部分しかないので少し悩むかもしれませんが、**今まで経験したことのある面積比を求める問題に変形させていくように**して下さい。その図形を作図することさえ出来れば簡単に答えが求められると思います。

☞**解説**

(1) ①

　下の図のように問題の図形の中に与えられている条件を書き入れると、以下のようになります。

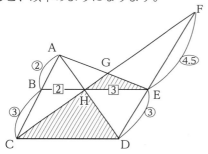

　このとき、三角形 ABH と三角形 DEH は相似な三角形になることから、

$$BH : EH = AB : DE$$
$$= 2 : 3$$

　また、同様に三角形 BCH と三角形 EFH も相似な三角形になるので、

$$BC : EF = BH : EH$$
$$= 2 : 3$$

となるので、BC ＝③とするとき、EF ＝④.5となるので、

$$DE : EF = ③ : ④.5$$
$$= 2 : 3 \cdots (答)$$

算数の入試問題は頻出である**作図問題**への対策をすることです。定規・コンパスを用いて作図をする問題は渋幕特有の出題形式と言えるでしょう。**円とはある点から等しい距離にある点の集合である**ことを理解していないと厳しい本質を突いた問題を出題してきています。その他の分野は年度により偏ることがありますので、**満遍なく様々な単元の学習**をしておき、どのような問題が出題されたとしても動じないようにしておくようにしたいところです。

　先述の作図問題以外では、**立体図形、平面図形、数論問題、速さに関する問題**などがよく出題されています。リード文が比較的長い傾向がありますので、**問題文を良く読んで取れそうな問題の判断**をし、その問題を確実に正解していくという戦略を取るべきでしょう。合格点の目安は6割出来れば十分すぎると言えます。年によっては5割でも十分な年もあります。それだけ難易度が高いと言えます。

→ 問題の図中に AB：BC ＝ 2：3 という比を書き入れたら、四角形 BCDE は平行四辺形になるので、AB ＝②、BC ＝③としたとき、向かい合う辺の長さは等しいことから DE ＝③も書き入れるようにすること。

(1) ②

①より、三角形 BCH と三角形 EFH は相似な三角形になるので、

$$CH : HF = DE : EF$$
$$= 2 : 3$$

よって、三角形 CDH と三角形 FDH は等高三角形になるので、

三角形 CDH：三角形 FDH ＝ 2：3

また、三角形 ACG と三角形 EFG は相似な三角形なので、

$$CG : FG = AC : EF$$
$$= ⑤ : \boxed{4.5}$$
$$= 10 : 9$$

連比を用いて、CH：HG：GF を求めると、

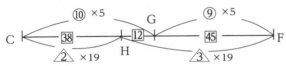

CH：HG：GF ＝ 38：12：45

となる。よって、三角形 EGH の三角形 DFH に対する割合を求めると、

$$三角形 EGH = \frac{12}{57} \times \frac{3}{5} \times 三角形 DFH$$
$$= \frac{12}{95} \times 三角形 DFH$$

以上より、三角形 CDH と三角形 EGH の面積比は、

$$三角形 CDH：三角形 EGH = 2 : 3 \times \frac{12}{95}$$
$$= 2 : \frac{36}{95}$$
$$= 190 : 36$$

となるので、三角形 CDH は三角形 EGH の

$$190 \div 36 = 5\frac{5}{18}　倍 \cdots（答）$$

→ 算数の問題の基本である**前問の答えを用いて、次の問題の答えを導く**ことを利用している。①より、CH：HF ＝ 2：3 であることを利用している。

(2)

　三角形 ABC の 120 度以外の角をそれぞれ●、■として、図形を組み立てると以下の通りになる。

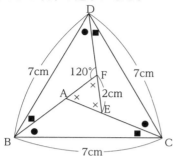

　三角形 DBC は三角形 ABC を 3 つ組み合わせた一辺の長さが 7cm の正三角形となる。また、上の図において、×の部分は全て 60 度になるので、三角形 AEF は一辺の長さが 2cm の正三角形になり、その面積比は、

　　　三角形 DBC：三角形 AEF ＝ 49：4

となるので、三角形 DBC ＝㊾、三角形 AEF ＝④とするとき、三角形 ABC の面積は、

　　　三角形 ABC ＝ (三角形 DBC －三角形 AEF) ÷ 3

　　　　　　　　　＝ (㊾－④) ÷ 3

　　　　　　　　　＝⑮

また、三角形 ABC の面積は正三角形 DBC の面積の

$15 ÷ 49 = \dfrac{15}{49}$ 倍 … （答）

演習問題 8-2　四天王寺中　　　　　　　　(p.95 参照)
★コメント★

　問題自体は極めてシンプルな問題設定である分、いざ解いてみてわからないという人もいると思います。私の考えとしては、この問題は相似の基本問題に近いということもあり、絶対に正解して欲しいという問題であるということです。**わかっている条件を図中に書き入れて、代表的な相**

→ 等しい角や辺を図中に書き入れるため、三角形 ABC の 120 度以外の角の大きさをそれぞれ●、■とすると、●＋■＝ 60 度になることに着目して作図をする

→ 図形の中に割合を書き入れると以下のようになる

→　四天王寺中は、大阪府四天王寺境内にある女子進学校で、聖徳太子没後 1300 年の記念事業として設立されました。コースが多岐に渡り、「医志コース」、「英数Ⅰコース」、「英数Ⅱコース」、「文化・スポーツコース」に分かれています。国公立医学部の進学に力を入れており、東京の桜蔭高校を抑えベスト 10 入りし

似形を探して問題を解いていくというのはいつも通りの流れになります。仮にいつもと与えられている条件が異なる場合は、時には強引に答えを出してしまうことも大切です。また、この問題の場合とは限りませんが、(1)の導き方や答えがヒントになっていることが多いので、どうしてもわからない場合は前の設問に戻ることも大切です。

☞解説

(1)

下の図のように、三角形 ABC の中に正方形 PQRS が内接し、点 A から PS、QR に下ろした垂線との交点をそれぞれ D、E とすると、

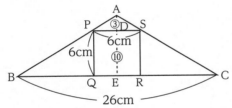

三角形 ABC と三角形 APS は相似な三角形となるので、その相似比は、

$$AD : AE = PS : BC$$
$$= 3 : 13$$

となることから、AD : DE = 3 : 10 となることから、AE の長さは、

$$⑩ = 6 \, cm$$

$$⑬ = 7\frac{4}{5} \, cm$$

以上より、三角形 ABC の面積は、

$$26 \times 7\frac{4}{5} \times \frac{1}{2} = 101\frac{2}{5} \, cm^2 \cdots （答）$$

た年もあります。『聖徳太子の和の精神を礎とし、高き美風を失わず、円満で深い人間性を供えた信念のある女性の育成』を教育目標として掲げ、礼節のある人格形成を実践していることでも有名です。

算数の出題形式が一定で**中学入試の典型問題を中心に出題**されることが多いので日頃より計算問題や典型一行計算問題演習を行っておけば十分対応可能な問題と言えるでしょう。試験時間の中で**かなりの処理能力を要求される**ことが多いので、それを身につけておくことが大事です。医志コース志望で8割を目安に得点したいところからもわかる通り難問よりも標準問題中心の出題となります。

計算問題は2〜3題出題されますが、**工夫などを施すと楽に解答出来るものが多い**ですから、時間短縮をするためにも是非とも計算の工夫を身につけてください。その上で**速さに関する問題、立体図形、規則性の問題、数論問題**などが出題の中心になります。様々な設定の問題を経験しておくことで、本番で焦らず解答が出来るようになります。

(2)

　下の図のように、三角形 ABC の中に正方形 PQRS が内接し、点 A から PS、QR に下ろした垂線との交点をそれぞれ D、E とすると、

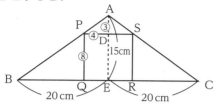

　三角形 ABE と三角形 APD は相似な三角形となるので、辺の比に注目することにより、

$$AD : DP = AE : EB$$
$$= 3 : 4$$

AD ＝③、DP ＝④とするとき、DP は正方形 PQRS の一辺 PS の半分の長さになるので、

$$PS = PQ = ⑧$$

以上より、PQ ＝ DE ＝⑧となるので、AE ＝⑪となり、正方形 PQRS の一辺の長さは、

$$⑪ = 15 \text{cm}$$
$$⑧ = 10\frac{10}{11} \text{cm} \cdots （答）$$

→ 三角形 ABC が二等辺三角形となり、頂角の二等分線は底辺を垂直に二等分することより、
　BE = 20cm
となる

演習問題 8-3　ラ・サール中　(p.95 参照)

★コメント★

　(1)が解けないと、その他の問題も取れないような受験生泣かせの問題です。忘れたころに出てくる、

たての長さの比＝面積比÷横の長さの比

に気付いてしまえば、それ以降の問題はまだ楽に感じるはずです。(2)以降にも様々なエッセンスが含まれていますが、まずは(1)を正解しなければいけません。このような問題は理科の物理分野でも度々出題されるような形式の問題で、

→ ラ・サール中は、昭和 25 年にキリスト教伝来の地である鹿児島に設立された進学校で九州全域だけではなく、西日本全域や関東などからも生徒が集まっており、寮制度を導入しています。また、難関大学を意識した授業を展開しており、その成果もあり東大、京大、九大、国公立医学部に確かな実績を残しています。最近は医学部志望の生徒が増加傾向にあるとのことです。

前問の結果を用いて、次の問題の解答を求める問題になります。つまり、**最初の問いを間違えてしまうと、残りの問題を全て不正解**と言うマズい状況に陥ってしまいます。それを防止するためにも**最初の問いは慎重に解いていく**必要があります。これは本書の対象になっている難関校だけでなく、全ての中学校で言えることです。

> **難関校の算数の問題に対する取り組み方**
> 　前問の答えを活用して、次の問題の答えを導く問題も出題される。ゆえに、最初の問題はかなり慎重に解いていくことを心掛けるようにしなければならない

☞**解説**

(1)

　下の図のように、三角形 BCP と三角形 ACD の高さを横に作ると以下のようになる。

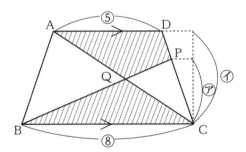

　よって、㋐：㋑＝ CP：CD が成り立つ。また、三角形 CPQ が共通しているので、三角形 BCP ＝三角形 ACD となる。

　ゆえに、面積が等しいので、高さの比は底辺の比の逆比になるので、

　　㋐：㋑＝ CP：CD ＝ $\dfrac{1}{8} : \dfrac{1}{5}$

　　㋐：㋑＝ CP：CD ＝ 5：8

　以上より、CD：PD ＝ 8：3 …（答）

教育目標は『キリスト教の隣人愛の精神を養い、世界への広く正しい認識を培い、心と体と頭の調和のとれた、社会に役立つ人間を育てて、一人ひとりの能力を最大限に伸ばすこと』を目標として、多数の志願者の中から優れた能力を測るための入学試験が行われています。算数の問題は武蔵中同様手書きの形式の試験になります。

　算数の入試問題に関しては日程の変更を行って以降、易化しておりミスの許されない入試となります。前半部分の**計算問題や一行問題の攻略**をしっかりした上で、**速さに関する問題、場合の数や規則性、平面図形、立体図形**などから繰り返し出題されています。難易度にもよりますが、8割（算数が得意ならば9割を目標に）の得点の確保が合格の目安となります。

→ ピラミッド型の相似の利用

→ **ア＝イならばア＋☆＝イ＋☆**　が成立する。

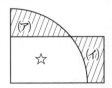

上の図に☆は共通しているのでア＋☆＝イ＋☆が成立している。

(2)

　下の図のように、ADをDの方向に延長した直線とBPをPの方向に延長した直線との交点をEとする。

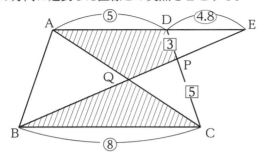

　このとき、三角形DEPと三角形CBPは相似な三角形であることと、(1)より、

　　DE：BC＝DP：CP

　　　　　　＝3：5

となることから、BC＝⑧とすると、

　　⑤＝⑧

　　③＝④.⑧

　また、三角形AEQと三角形CBQは相似な三角形なので、

　　AQ：QC＝AE：CB

　　　　　＝⑨.⑧：⑧

　　　　　＝49：40 …（答）

(3)

　(2)より、三角形AEQ：三角形CBQは相似な図形より、

　　EQ：QB＝49：40 …①

　また、同様にして(1)より、三角形EDPと三角形BCPについても相似な三角形になることから、

　　EP：BP＝DP：CP

　　　　　＝④.⑧：⑧

　　　　　＝3：5 …②

→ 台形から代表的な相似（ピラミッド型、砂時計型など）を探して、活用する。**相似形がない場合は自分で代表的な相似形を作る。**ただし、作るといってもそこまで難しいことではなく、この問題のような相似を作る程度なので安心を。

→ 前の設問の結果を利用して、次の設問の答えを導いていく。

①、②より、連比を用いて BQ：QP：PE を求めると、

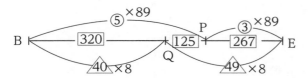

BQ：QP：PE ＝ 320：125：267

となるので、BQ：QP を最も小さな整数の比で表すと、

BQ：QP ＝ 64：25

よって、以下の図のようになることから、

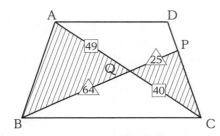

三角形 ABQ と三角形 CPQ の面積比は、

三角形 ABQ：三角形 CPQ ＝ 49 × 64：40 × 25

＝ 392：125 …（答）

演習問題 *9-1*　洛星中

（p.105 参照）

★コメント★

　見た目で驚いてはいけない問題です。冷静に問題を見て下さい。正六角形 ABCDEF の周りにある三角形 AGL などは全て合同であることは気付くはずです。そこで、与えられている条件である AB と AG の辺の長さの比が 2：1 であることより、正六角形の 18 分割を用いると綺麗に分割することが出来ると思います。そこまで出来れば、正解まで簡単に到達すると思います。正六角形の分割を用いれば、比較的簡単に答えが出せるような問題と言えるでしょう。ですから、**正六角形の問題はとりあえず分割することが大事**と言えます。

→　1 つの角を挟んだ三角形の面積比を求める型として以下のものを知っておくこと。

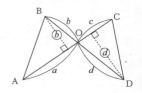

　点 B、D からそれぞれ垂線を下ろした時、その高さの比は b：d となることから、三角形 OAB：三角形 OCD ＝ $a × b$：$c × d$ となる。

☞**解説**

正六角形 GHIJKL を 18 分割すると以下のようになる。

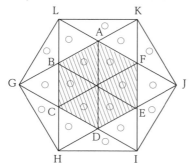

上の図より、正六角形 ABCDEF は正六角形 GHIJKL の面積の $\frac{1}{3}$ であることから、その面積は、

①＝ 10 cm^2

③＝ 30 cm^2 …（答）

演習問題 9-2　聖光学院中　　　　　　（p.105 参照）

★コメント★

　正六角形の面積比に関する問題と図形の移動が融合した問題で、実力が正しくついていないと厳しい問題です。問題の条件を正しく図にすることをした上で面積比について考えていく流れになります。その過程で、問題の問われていることを正しく作図することが求められます。その上で平面図形の問題として考えていけば無理なく解けるはずです。つまり、**最初の作図が正しくできないと厳しいと言える問題**になります。これは、言われていることをイメージして正確に把握出来ないと厳しい問題で国語などでも必要な能力なので、磨きをかけて下さい。

> **解答の指針　図形の移動の問題**
> 　与えられている問題の状況を正確に図にした上で平面
> 　図形の問題として捉える

→　聖光学院中（以下、聖光とします）は、JR 山手駅より徒歩 8 分の横浜港を見下ろせる高台にあるカトリック系の男子進学校です。東大合格者増加のための特化した努力が成功したのもあり、2019 年度の東大合格者数は開成、筑駒に次いで第 3 位となっている（神奈川県内では第 1 位）。厳しいながらも自由な校風であることで知られており、『勉強ができるのは当たり前のことであり、それ以外の部分で個性が発揮できるか』という意識を持って学校生活を送っています。聖光は『紳士たれ』という教育方針の元で『情操教育』に力を入れています。卒業生にも著名人がたくさんいます。また、聖光の入学者の中には開成、麻布、筑駒などの合格者も含まれており熱望組がかなり多くいることが伺われます。

☞**解説**

(1)

辺 DE の真ん中の点を点 M として、点 P、Q の移動する前後（ここでは、スタートの時と移動した後を作図する）を図にすると、以下のようになる。

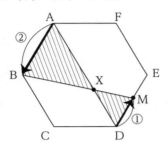

このとき、点 P は A → B へ、点 Q は D → M へ移動していることがわかる。また、AD と BM の交点を点 X とすると、点 X は固定されている点と言える。また、三角形 ABX と三角形 DMX は相似な三角形なので、相似比を求めると、

$$AX : DX = AB : DM$$
$$= 2 : 1$$

以上より、点 X は、

直線 AD を AX : XD = 2 : 1 に分ける位置にある

… （答）

(2)

(1)より、点 P、Q が移動した図は以下のようになる。

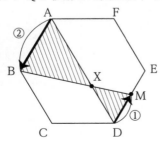

聖光の試験日程は 2/2 と 2/4 の 2 回の日程で行われており、両日程ともかなりの激戦になります。その中で出題される算数の入試問題は以前に比べて出題形式が変化しており、**問われている意味を把握した上でそれを図にしたりするなど工夫が必要な問題**などに変化している印象です。しかし、問われていることはいままで学習してきたことがそのまま試験の成果に現れる問題という傾向は変わりません。平均点などがそれを証明しています。つまり、日頃の学習をしっかり行う事が聖光合格への近道だと言えます。合格点の目安は 8 割くらいになるでしょう。頻出単元は**立体図形、平面図形の相似比・面積比、数論問題、速さに関する問題**は標準問題が中心。特筆すべきは、**立体図形で実力を見極めようとしていること**が伺え、難問の出題も想定しておく必要があります。

→ 点 Q ははじめの 1 秒間で辺 DE の真ん中の点 M まで進むことにより、点 M を定める。

三角形 ABX と三角形 DMX について図 1、2 のように分けて考えると、

図1

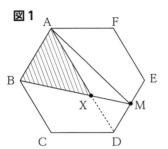

図2

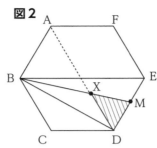

→ 等積変形より

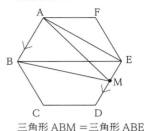

三角形 ABM ＝三角形 ABE

三角形 ABX の正六角形 ABCDEF に対する割合は（図1）、

$$三角形\ ABX = \frac{1}{3} \times \frac{2}{3} \times 正六角形\ ABCDEF$$
$$= \frac{2}{9} \times 正六角形\ ABCDEF$$

三角形 DMX の正六角形 ABCDEF に対する割合は（図2）、

$$三角形\ DMX = \frac{1}{3} \times \frac{1}{2} \times \frac{1}{3} \times 正六角形\ ABCDEF$$
$$= \frac{1}{18} \times 正六角形\ ABCDEF$$

以上より、斜線部分の正六角形 ABCDEF に対する割合は、

$$三角形\ ABX + 三角形\ DMX$$
$$= \left(\frac{2}{9} + \frac{1}{18} \right) \times 正六角形\ ABCDEF$$
$$= \frac{5}{18} \times 正六角形\ ABCDEF \cdots （答）$$

→ 以下の正六角形の分割を利用して求めている

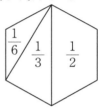

(3)

出発してから 1.5 秒後の点 P、Q の位置を書き入れると、以下のようになる。

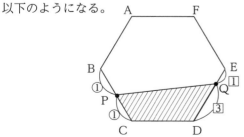

→ 2点P、Qの速さから、
BP：PC ＝ 1：1
DQ：QE ＝ 3：1
となることがわかるので、図中に書き入れておくように。図形問題でわかった部分は必ず図中に書き入れる習慣を付けることが大事。

　三角形 CDQ と三角形 PCQ について図3、4のように分けて考えると、

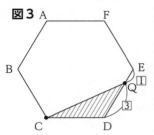

図3

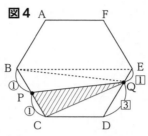

図4

→ 正六角形を追加しないで解く場合、三角形 CDQ と三角形 PCQ に分け、それぞれの三角形の正六角形 ABCDEF に対する割合を求める。

三角形 CDQ の正六角形 ABCDEF に対する割合は（図3）、

$$三角形 CDQ = \frac{1}{6} \times \frac{3}{4} \times 正六角形 ABCDEF$$

$$= \frac{1}{8} \times 正六角形 ABCDEF$$

→ 正六角形の分割を利用して求めている。

三角形 PCQ の正六角形 ABCDEF に対する割合は（図4）、
三角形 BCQ において等高三角形を利用することにより、

$$台形 BCDE = \frac{1}{2} \times 正六角形 ABCDEF$$

$$三角形 BQE = \frac{1}{3} \times \frac{1}{4} \times 正六角形 ABCDEF$$

$$= \frac{1}{12} \times 正六角形 ABCDEF$$

三角形 BCQ の正六角形 ABCDEF に対する割合は、

$$三角形 BCQ = 台形 BCDE - 三角形 CDQ - 三角形 BQE$$

$$= \left(\frac{1}{2} - \frac{1}{8} - \frac{1}{12} \right) \times 正六角形 ABCDEF$$

$$= \frac{7}{24} \times 正六角形 ABCDEF$$

→ 三角形 BCQ の割合について、台形 BCDE から三角形 CDQ と三角形 BQE を引いた上で、残った等高三角形に注目することにより求める。

また、三角形 BCQ と三角形 PCQ は等高三角形であり、
その面積比は三角形BCQ:三角形PCQ = 2:1 となるので、

$$三角形 PCQ = \frac{7}{24} \times \frac{1}{2} \times 正六角形 ABCDEF$$

$$= \frac{7}{48} \times 正六角形 ABCDEF$$

以上より、四角形 PCDQ の面積は、

$$四角形 PCDQ = 三角形 CDQ + 三角形 PCQ$$

$$= \left(\frac{1}{8} + \frac{7}{48} \right) \times 正六角形 ABCDEF$$

$$= \frac{13}{48} \times 正六角形 ABCDEF \cdots （答）$$

→ 以下のような等高三角形に注目している。ここでは、問題より必要な部分を抜粋している。

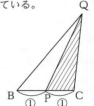

☞(3)の別解　正六角形を追加して求める方法

以下の図のように、正六角形 ABCDEF の辺 CD を一辺とする正三角形 GCD を作ると、以下のようになる。

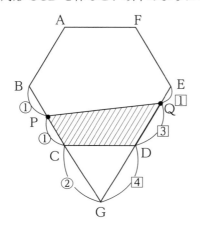

→ 正三角形を追加しない解法と比較しても、慣れてしまえばこちらのほうが楽に答えが出せるようになる。

三角形 CGD は正三角形なので、CG = BC = ED となることから、それぞれの辺の比を求めると、

　BP : PC : CG = 1 : 1 : 2
　EQ : QD : DG = 1 : 3 : 4

よって、一角共有型の面積比を活用すると、三角形 CGD の三角形 PGE に対する割合は、

$$三角形 CGD = \frac{2}{3} \times \frac{4}{7} \times 三角形 PGE$$

$$= \frac{8}{21} \times 三角形 PGE$$

このとき、三角形 CGD：四角形 PCDE = 8：13 となり、正六角形 ABCDEF は三角形 CGD の 6 倍であることから、

　四角形 PCDQ：正六角形 ABCDE = ⑬：⑧×6

　　　　　　　　　　　　　 = ⑬：㊽

以上より、

　四角形 PCDQ $= \frac{13}{48} \times$ 正六角形 ABCDEF … （答）

→ 題意より、
　BP：PC = 1：1
　EQ：QD = 1：3
であることをそれぞれ利用している。

→ 一角共有型の三角形の面積比を利用して求める。

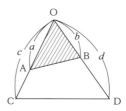

三角形 OAB $= \frac{a}{c} \times \frac{b}{d} \times$ 三角形 OCD

(4)

問題の指示に従って作図をした上で、点Dと点P、点Bと点Qを結ぶと以下のようになる。

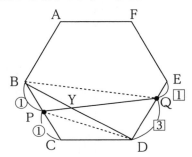

三角形BPQの正六角形ABCDEFに対する割合は、

三角形BPQ $= \dfrac{7}{48} \times$ 正六角形ABCDEF

また、三角形PDQの正六角形ABCDEFに対する割合は、四角形PCDQから三角形PCDを引いて求めるので、三角形PCDの正六角形ABCDEFに対する割合は、

三角形PCD $= \dfrac{1}{6} \times \dfrac{1}{2} \times$ 正六角形ABCDEF

$= \dfrac{1}{12} \times$ 正六角形ABCDEF

よって、(3)より、四角形PCDQが正六角形ABCDEFの $\dfrac{13}{48}$ に当たることから、

三角形PDQ $= \left(\dfrac{13}{48} - \dfrac{1}{12} \right) \times$ 正六角形ABCDEF

$= \dfrac{9}{48} \times$ 正六角形ABCDEF

以上より、

BY：YD ＝三角形BPQ：三角形PDQ

$= \dfrac{7}{48} : \dfrac{9}{48}$

$= 7 : 9 \cdots$（答）

→ 解答の方針としては、**底辺が共通している三角形を作図して、面積比を求める**ことで答えを出していく。

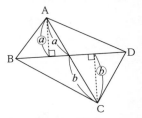

三角形ABC：三角形DBC ＝ $a : b$

→ 三角形BPQは(3)より、三角形PCQと同じになることよりいえる。

→ **前問の結果を用いて、次の問題の答えを出していく難**関校定番の出題の形。

☞**(4)の別解　図形のてんびんを用いる方法**

以下の図のように、正六角形 ABCDEF の辺 CD を一辺とする正三角形 GCD を作ると、以下のようになる。

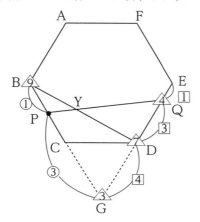

→ 正三角形を追加しない解法と比較しても、慣れてしまえばこちらのほうが楽に答えが出せるようになる

上の図より、図形のてんびんを用いて、

BY：YD ＝ 7：9 … （答）

演習問題 10-1　駒場東邦中 （p.114 参照）

★コメント★

作図、反射の性質など複数の要素がミックスされた有名な難問です。おそらくこれが出題されたとしてもあまりにも難解すぎて合否に影響が出ないのでは？と考えられる問題です。しかし、算数の難問演習としての側面から見てみると学習効果は高い問題であると言えます。光の反射の知識を知っていれば有利に進められるという若干反則的な問題ですが、理科の知識も合わせて確認することもできるところが1粒で2度美味しい感じですね（笑）。問題の意味を理解した上で**細かい丁寧な作図が必要**になりますので、条件によってわけて作図することが大事です。大切なのは面倒くさがらずに状況に応じて**作図**をすることです。

→ 光の反射に関する知識は、以下のような物体 A を鏡に映したときに見える像 A' と観察者との位置関係を押さえておくとよい。

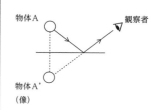

☞解説

(1)

　点 E から光を発射して、辺 AB で反射させて G 〜 H を通るようにすればよいので、点 G、H を通過する場合、それぞれについて考えていく。

→ 条件が異なるので、両方を 1 つの図にすると図が見にくくなるのでそれぞれを図にして丁寧に考えていくようにする

　点 E から光を発射させて、辺 AB 上の点 P で反射させてから点 G を通過させるときは、以下の図のようになる。

→ 点 G の像 G' を、辺 AB を線対称の位置に取って、点 E と点 G' を結ぶ。このとき、辺 AB と EG' の交点を点 P とする。

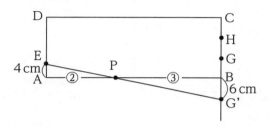

　上の図において、三角形 EAP と三角形 G'BP は相似な三角形であることから、

$$EA : G'B = AP : BP$$
$$= 4 : 6$$
$$= 2 : 3$$

となることから、AP の長さを求めると、

　⑤＝ 80 cm

　②＝ 32 cm

　点 E から光を発射させて、辺 AB 上の点 P で反射させてから点 H を通過させるときは、以下の図のようになる。

→ 点 H の像 H' を、辺 AB を線対称の位置に取って、点 E と点 H' を結ぶ。このとき、辺 AB と EH' の交点を点 Q とする。

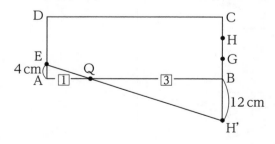

前ページの下図において、三角形 EAQ と三角形 H'BQ は相似な三角形であることから、

$$EA : H'B = AQ : BQ$$
$$= 4 : 12$$
$$= 1 : 3$$

となることから、BP の長さを求めると、

$$\boxed{4} = 80\,\text{cm}$$
$$\boxed{1} = 20\,\text{cm}$$

以上より、光は 20 cm から 32 cm の間で反射する …(答)

(2)

(1)より、点 E から発射される光の進む範囲を影にすると以下の図のようになる。

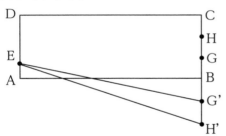

→ 前問の結果を上手く利用すること。ここでは、(1)の結果を上手く利用して、点 E から発射する光線の取る影の範囲に注目していく。

点 E から辺 AB で反射させて点 H に到着する光と、辺 DC で反射させて点 G に到着する光を作図すると以下のようになる。

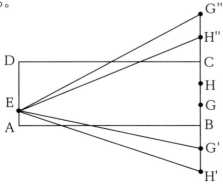

この図の中に、点 F から発射される光も加えて作図すると、以下のようになる。

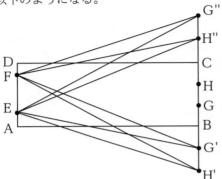

→ ここでは点 E から出発して、辺 AB で反射して点 G に到着する光は点 F から出発する光を考えたときに、重複するので考えなくてもよいことを確認しておきたい。念のため、それを確認するために図中にはその光線も書いておくようにする。

よって、考える必要があるのは、点 E から辺 AB で反射して点 H に到着する光と点 E から辺 DC で反射して点 H に到着する光、点 F から辺 AB で反射して点 G に到着する光と点 E から辺 DC で反射して点 G に到着する光についてのみ考えればいいので、以上をまとめて作図すると、

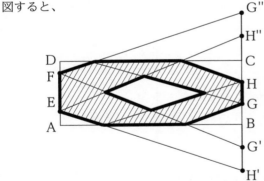

→ 上の図より、考えなくてもいい線についてわかる。これは混乱を招く原因にしかならないので書かないようにする。

まとめると、以下のようになる。

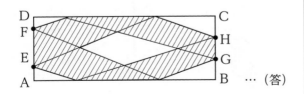

… (答)

(3)

　求める部分の面積を下の図のように整理して、点 I ～ L を定めると以下のようになる。

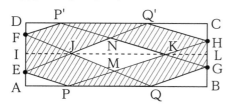

→ 解答の方針としては、長方形全体の面積から、角にある４つの三角形の面積と真ん中にある四角形の面積を引いて求める。

　AQ の長さを求めるために、点 F から辺 AB を反射して点 G に到着する点を作図すると、

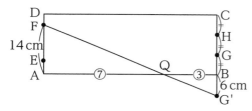

　このとき、三角形 FAQ と三角形 G'BQ は相似な三角形であることから、

$$AQ : BQ = FA : G'B$$
$$= 14 : 6$$
$$= 7 : 3$$

となることから、AQ の長さを求めると、

⑩ = 80 cm

⑦ = 56 cm

　また、一番上の図より三角形 FIJ と三角形 FAQ は相似な三角形となり、

$$IJ : AQ = FI : FA$$
$$= 5 : 14$$

となることから、IJ の長さを求めると、

⑭ = 56 cm

⑤ = 20 cm

→ （注意）この問題では様々な割合が出てくるが、割合を用いるのは１回だけなので、同じものを用いることにする。

同様にして、前ページの上の図より三角形 HKL と三角形 HPB は相似な三角形となり、

KL：PB ＝ HL：HB

　　　　＝ 3：12

　　　　＝ 1：4

となることから、KL の長さを求めると、

④＝ 60 cm

①＝ 15 cm

また、三角形 JKM と三角形 QPM は相似な三角形となることから、その高さに当たる部分を相似比より求めると、

三角形 JKM：三角形 QPM ＝ JK：QP

　　　　　　　　　　　＝ 45：36

　　　　　　　　　　　＝ 5：4

三角形 JKM と三角形 QPM の高さの和は LB の長さと等しいので 9cm なので、三角形 JKM の高さは、

⑨＝ 9cm

⑤＝ 5cm

よって、長方形 ABCD の IL より下の白い部分の面積は、

三角形 EAP ＋三角形 GBQ ＋三角形 JKM

$= 20 \times 4 \times \frac{1}{2} + 24 \times 6 \times \frac{1}{2} + 45 \times 5 \times \frac{1}{2}$

$= 40 + 72 + 112.5$

$= 224.5$

以上より、求める部分の面積は、

$18 \times 80 - 224.5 \times 2 = 1440 - 449$

　　　　　　　　　　　$= 991\,cm^2 \cdots$（答）

→（注意）この問題では様々な割合が出てくるが、割合を用いるのは 1 回だけなので、同じものを用いることにする。

→ 前問の結果を上手く利用して答えを求めるように、ここでは(1)より、AP ＝ 20 cm の長さがわかっている。

→ 長方形 ABCD は IL を対称の軸として、上下対称な図形なので、片方を求めて 2 倍して全体から引いて求める。

演習問題 10-2　灘中

(p.115 参照)

★コメント★

答えは最大の角と最小の角の 2 つを求める必要があるので、それぞれの状況を作図して答えを求める必要があります。

また、反射は光の様子を作図していくものです。理科でも学習したと思いますが、光は基本的に直進をするという性質がありますので、**図形を折り返して、光を直線にした上で問題に取り組んでいく**ようにするとよいです。

→ 折れ曲がったままでは考えにくいということもあるので、考え易くするために折り返して直線にする。

☞解説

3 ～ 5 回目に反射する点を R、S、T として、反射の様子を作図すると、角㋑が最大のとき以下の図 1 のようになる。

→ 辺 OY を OX を対称の軸として対称移動させて、次に辺 OX を OY を対称の軸として対称移動……させていく。

図1

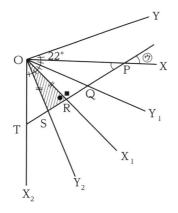

→ 角㋑が最大になるときは、左図において OR ＝ OS となるとき。

→ 角度の問題は戦略的に考えていく、求める部分を決めておくことが大切。

以上より、

●＝（180 － 22）÷ 2　　■＝ 180 － 79

　＝ 79　　　　　　　　　　＝ 101

よって、㋑の角度が最も大きくなるときは、

角㋑＝ 79 － 22 × 2

　　　＝ 35 度…（答）

また、角⑦が最小になるときは図2のようになるので、

図2

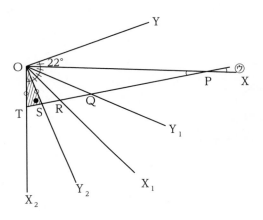

→ 角⑦が最小になるときは、
左図において OS = OT と
なるとき。

以上より、

●＝（180 − 22）÷ 2

　　= 79

よって⑦の角度が最も小さくなるときは、

角⑦＝ 79 − 22 × 3

　　　= 13 度…（答）

演習問題 10-3　灘中　　　　　　　　（p.115 参照）

★コメント★

　先ほどの**演習問題 10-2** においては、反射の直線を把握しやすくするために、図を折り返して答えを求めていきましたが、この問題はそのような解答方針では作図をするだけで時間がかかってしまうので、正攻法で解いていくことにします。角度の問題なので、求める部分に印を付けるようにして、戦略的に解いていけるようにして下さい。

☞**解説**

以下の図のように求める部分に印をつけて考えていく
と、

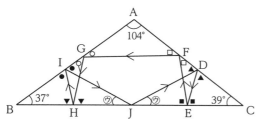

→ **角度の問題は戦略的に考え
ていく**、どの角度を求める
のかを印を付けて、解答の
方針を立てていく。

以上より、三角形 BIJ の内角外角の関係に注目すると、

37 ＋⑦＝●

また、三角形 BHI に注目することにより、

37 ＋●＋▼ = 180

37 ＋（37 ＋⑦）＋▼ = 180

74 ＋⑦＋▼ = 180

▼ = 106 －⑦

→ この式に●＝⑦＋ 37 を代入
して、式を変形する。

よって、三角形 BHG の内角・外角の和に注目すると、

37 ＋○＝▼となることから、

37 ＋○ = 106 －⑦

○ = 69 －⑦

→ この式に▼＝ 106 －⑦を代
入して、式を変形する。

同様にして、▲についても求めると、▲= 39 ＋⑦と
なるので、三角形 CED に注目することより、

39 ＋▲＋■ = 180

39 ＋（39 ＋⑦）＋■ = 180

78 ＋⑦＋■ = 180

■ = 102 －⑦

→ 同様にして、三角形 CDJ の
内角・外角の関係に注目し
ている。

よって、三角形 CEF の内角・外角の和に注目すると、

39 ＋□＝■となることから、

→ この式に■＝ 102 －⑦を代
入して式を変形する。

$$39 + \square = 102 - ⑦$$

$$\square = 63 - ⑦$$

故に、三角形 AGF の内角の和に注目することにより、

$$104 + ○ + \square = 180$$

$$104 + (69 - ⑦) + (63 - ⑦) = 180$$

$$236 - 2 × ⑦ = 180$$

$$2 × ⑦ = 56$$

$$⑦ = 28 \text{ 度} \cdots （答）$$

→ この式に、求めた
　　○= 69 −⑦、
　　□= 63 −⑦
　を代入する。

→ 処理がしにくければ線分図
　にする。

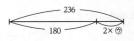

よって、2 ×⑦= 56 となる。

演習問題 *11-1*　雙葉中

(p.125 参照)

★コメント★

　単純な図形の移動の問題ですが、この問題のように図形の軌跡（図形がどのように動いたかを示す跡の線）を作図させるような問題を出題する学校も増えてきています。最近の入試問題を見ていると、解答に作図を要求する学校が増えてきています。ですから、いつ出題の傾向が変わってもいいように**作図を丁寧に行った上で問題を解いていく習慣**を身に付けて欲しいと改めて伝えておきます。作図をすることによって、**図形の構成などがわかるようになり、問題が解き易くなります**。図形問題は作図を必ずした上で解くという習慣を身に付けて下さい。また、各中学校の募集要項に定規、コンパスを持ち込むことを許可している学校を受験するのであれば作図問題が出題されても焦らないようにしておくべきでしょう。

☞解説

(1)

　円板 A が(あ)の位置から(い)の位置まで滑らずに回転したときの軌跡は、以下のようになる。

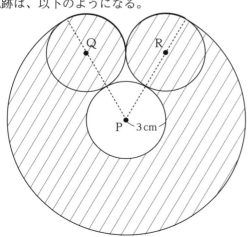

　雙葉中は東京の女子御三家中の１つに数えられるカトリック精神に基づいた全人教育を行っています。お嬢様学校として知られており、学校行事などを外部に公開していません。それは、お嬢様学校として好奇心の対象になることからの安全面での配慮です。

　語学教育にも力を入れており、中３より第二外国語としてフランス語を学習するのはあまりにも有名です。半面、理系科目の授業は大学受験を考えると少し物足りない内容になっています。

　算数の試験時間は 50 分で大問５つという比較的オーソドックスなタイプの問題ですが、女子校としては珍しく計算問題を出題しない年もあります。その代わりとして、各設問での計算が極めて面倒なものが多いです。ですから、雙葉を第一志望校として考えるのであるならば、**計算力をつける**ようにすることでスタートラインに立てるといっても良いでしょう。日頃より面倒な計算に慣れておくようにするといいでしょう。大問の中にも比較的得点し易い問題が隠れていることが多々あるので、算数が苦手な場合でも典型問題を解けるようにして試験に臨んで下さい。

　問題は基本〜標準的な問題が多く出題されており、**計算力をつけた後はスピードをつける**ことで完全に対応できるようになります。頻出分野は**図形の求積問題、速さに関する問題、割合・和と差の文章題、規則性の問題**です。特に規則性の問題は問題の設定が様々な形で出題されており、手作業により、最初の突破口を見つけるのが極めて有効な問題が度々出題されています。合格点の目安としては７〜８割程度の確保が必要になります。年度にもよりますが、満点合格者も少なからずいると思われます。

(2)

　(1)の図において、三角形 PQR は正三角形となること
から、求める斜線部分の面積は、

$$(9 \times 9 - 3 \times 3) \times 3.14 \times \frac{300}{360} + 3 \times 3 \times 3.14 \times \frac{1}{2} \times 2$$

$$= 60 \times 3.14 + 9 \times 3.14$$

$$= 69 \times 3.14$$

$$= 216.66 \, \text{cm}^2 \cdots （答）$$

→ 円板 A の半円 2 つの足し忘
れに注意をすること。

→ 相似比を用いて求める方法
を使用してもよい。

演習問題 11-2　渋谷教育学園幕張中　　　（p.125 参照）

★コメント★

　この問題の作図自体は数学的視点で眺めるとかなり有
名なものになります。それを正しくできるかどうか確認
している問題ともいえます。ある直線を折り目として折っ
たときは、**その折った線が対称の軸となり合同な図形が
出来る**ということや、**最短距離を求める場合は直線にな
る**などということを知っておくというだけで最初の取り
掛かりに関しては十分です。作図をする際は、**必ずどの
ような形になるのかを一回イメージして、答えとなる形
を必ず下書きをする**ことが大事です。その下書きを元に
して、作図を行っていくようにして下さい。当然、定規
やコンパスを用いるのですから、**円はある点から等しい
距離にある点の集合**ということも活用して作図をしてい
くことになります。

☞解説

(1)

　直線アを折り目として折ったとき、点 A と重なる点
B については、次のページのような図になる。ここで直
線アの端を点 C、直線イの端を点 D とすると、三角形
OAC と三角形 OBC は合同な三角形になる。

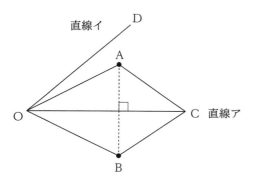

→ 作図問題を解く際は必ず下書きをして、作図をやり易く工夫するようにする。
　この場合は光の反射と同様の作図になる

　上の図において、OA ＝ OB となるので、コンパスで OA と等しい長さを取り直線アより下に作図をすると、

→ 点 O から等しい距離にある点の集合を作図する

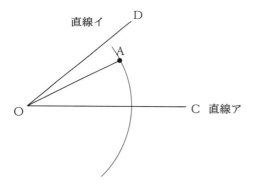

　同様にして、AC ＝ BC となるので、コンパスで AC と等しい長さを取り直線アより下に作図をして、交点を求める。

→ 点 C から等しい距離にある点の集合を作図する

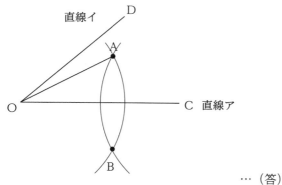

… （答）

☞別解　垂線の作図を用いる方法

　下書きの図において、直線アと AB は垂直に交わることから、点 A から等しい距離にある 2 点を直線ア上に取り、その 2 点をそれぞれ点 E、F とする。

→ ここで求めた 2 つの点は、垂直二等分線を作図する際の初めの 2 点を求めていることと同じ。

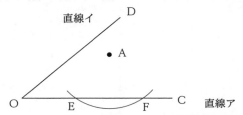

　点 E、F から等しい距離にある点の集合を直線アより下に作図をして、点 A から直線アに下ろした垂直二等分線を作図して、その交点を点 G とする。

→ 直線を作図するためには、2 点が必要になるが、そのうちの 1 つは点 A となるので、ここではもう 1 つの点を確定させればよい。

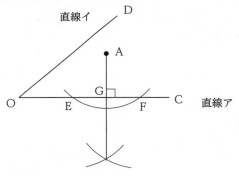

　点 G を中心とする半径の長さが AG と等しい円を作図して、上で作図した垂直二等分線との交点を点 B とする。

→ 求める点 B は点 A から下ろした垂線と直線アの交点の点 G から等しい距離にあることを利用して作図する。

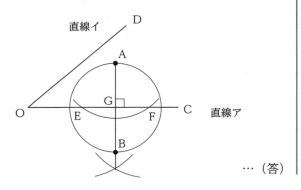

… (答)

(2)

　下の図のように、直線アを折り目として折ったときに点Aと重なる点をB、直線イを折り目として折ったときに重なる点をHとすると、PA＝PB、QA＝QHとなる。

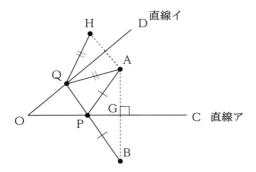

→ 三角形 APG と三角形 BPG が合同な三角形であることから、
　PA ＝ PB
が成立する。同様にして、直線イを折り目とする場合に関しても同様のことがいえるので、
　QA ＝ QH
となる。

　よって、三角形 APQ の周りの長さは、AQ、QP、APの 3 つの辺の長さの合計となるので、上の図より、

　PA ＝ PB

　QA ＝ QH

が成立することから、

　AQ ＋ QP ＋ AP ＝ QH ＋ QP ＋ PB

となる。この長さが最も短くなるときは、下の図のような直線になる場合になる。

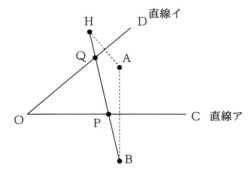

→ 3つの辺の長さの和が最短になる場合は直線になる。
　立体の側面を通る最短の線などと考え方は同様。

208

以上のことを元にして作図をしていく。まず、(1)と同様にして、直線アを折り目として折ったときに点Aと重なる点B、直線イを折り目として折ったときに点Aと重なる点Hを作図する。

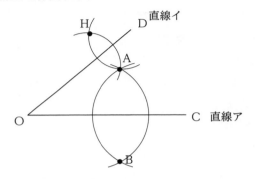

次に、点Bと点Hを結んで、直線アとの交点を点P、直線イとの交点を点Qとする。

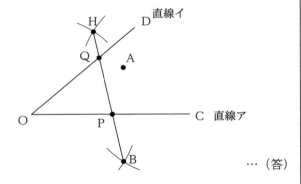

… (答)

→ これは(1)と同様にして作図をする。問題にもあるが、(1)で作図した図を利用してと書いてあるので、やはり**前問の結果を利用して解いていく問題**となる。

演習問題 *12-1*　麻布中

(p.134 参照)

★コメント★

　一見するとヒントが全くないように見える問題になりますが、**円の半径を結ぶ**という補助線のルールに従って半径を結ぶというところから始めてみて下さい。その上で**まだ使っていない条件がないかをチェック**することが算数の問題解法のテクニックといっても過言ではありません。ここでは 30 度回転させたという条件をまだ使っていないので、それを図中に反映させてあげることが大切です。ここまで行って、後は斜線部分を分割して面積を求めれば完了です。

→ 30 度と出ているので、三角定規を用いる可能性も考える。

☞解説

　下の図のように、円の中心をそれぞれ O、O' として、2 つの円のもう 1 つの交点を点 B とする。点 O、O' と点 A、B をそれぞれ結ぶと以下の図のようになる。

→ 円の補助線のルールである、半径を結ぶというルールに従って補助線を引いていく。

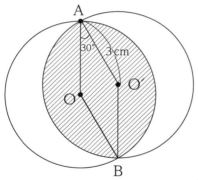

　このとき、四角形 AOBO' は OA = OB = O'A = O'B となることからひし形であることがわかるので、

角 AOB = 180 − 30

$\qquad$ = 150 度

また、三角形 AOO' は頂角 30 度の二等辺三角形なので、右の図のよ

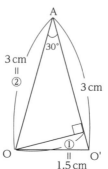

→ 三角定規の辺の比を利用して高さを求める。

うに補助線を引いて面積を求めると、

$$3 \times 1\frac{1}{2} \times \frac{1}{2} = 2\frac{1}{4} \text{ cm}^2$$

以上より、斜線部分の面積は、

$$3 \times 3 \times 3.14 \times \frac{150}{360} \times 2 - 2\frac{1}{4} \times 2 = 23.55 - 4.5$$
$$= 19.05 \text{cm}^2 \cdots（答）$$

演習問題 12-2　栄光学園中　　　　　　　（p.134 参照）

★コメント★

　図形の移動の問題になりますが、1つの図の中に全て
を書き入れて解いていくと図が見づらくなり整理しにく
くなりかえって混乱を招く恐れがあります。ですから、
ここでは**1つ1つの動きを作図して丁寧にそれを追って
いきたい**と思います。また、問題の条件に正方形の対角
線の長さが与えられていることに気付くはずです。この
ように**算数の問題では、解答を導くのに不要な条件は基
本的に与えられることはありません。**このことから、こ
の正方形の対角線を半径とするようなおうぎ形の弧の長
さを求める必要があることにも気付いて下さい。

☞解説

　6回回転するまでの様子を1回ずつ作図していくと、
以下のようになる。また、円に内接する正六角形も同時
作図をして、おうぎ形の中心角についても追っていくこ
とにします。

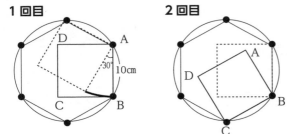

点Bは半径10cm、中心角30度の弧になる　　点Bは動かない

→ 半径3cmで中心角150度の
おうぎ形2つの面積の和か
ら、2つのおうぎ形に共通し
ているひし形 AOBO' の面
積を引いて求める。

3回目

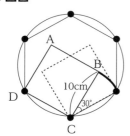

点Bは半径10cm、中心角30度の弧になる

4回目

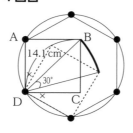

点Bは半径14.1cm、中心角30度の弧になる

→ 4回目の中心角の大きさは
×の角度が45度であることから
120度－45度×2＝30度
となる。

5回目

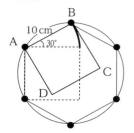

点Bは半径10cm、中心角30度の弧になる

6回目

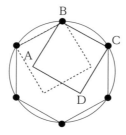

点Bは動かない

以上より、点Bの軌跡について求めると、半径10cmで中心角30度のおうぎ形の弧が3つと、半径14.1cmで中心角30度のおうぎ形の弧が1つ分の長さの和になることから、

$$10 \times 2 \times 3.14 \times \frac{30}{360} \times 3 + 14.1 \times 2 \times 3.14 \times \frac{30}{360}$$
$$= 5 \times 3.14 + 2.35 \times 3.14$$
$$= 7.35 \times 3.14$$
$$= 23.079$$
$$= 23.08\,cm \cdots（答）$$

→ 問題の条件に従って、四捨五入して答えを出すこと。

巻末付録
図形問題の定理の説明

　いつもは何気なく用いている公式や定理などの図形のルールですが、『何故、その公式や定理が成り立つのか？』という根幹の部分を知らないと真の実力が付いているとは言えません。この本を読んでいる皆さんには、『何故そうなるのか？』を常に考えて問題に取り組んで欲しいと思っています。それが理解出来ていれば図形問題なども論理的に考えることが出来るようになります。そして、周りの人に自ら学んだ公式や定理を説明するくらいまで仕上げて欲しいと願っています。人に何かを説明するというのは、説明するべきことが完全に理解出来ていないと出来ないことを知っておいて下さい。

　ここでは、中学受験で頻出となる図形の公式、定理についての成立する理由をまとめました。場合によって、練習問題を付けているものもあります。どれも、知ってはいるけど説明まで出来ないものが多く含まれていると思います。最初はよく読んで、その公式や定理が成り立つことを確認する程度で構いません。何度も出てくるものなので、繰り返し確認をしていくことで定着がなされるでしょう。そうすれば、他の人にも説明出来るような状態になります。勉強の休み時間などを有効に活用して読んでみて下さい。

【1】 三角形の内角の和が 180 度になることを説明しなさい。

【2】 n 角形の内角の和が $180 \times (n - 2)$ 度になることを説明しなさい。

【3】 n 角形の外角の和が 360 度になることを説明しなさい。

【4】 右の図のような直角三角形において、
　　　　$AB : AC : BC = 3 : 4 : 5$
　　　が成り立つことを、相似な図形の
　　　面積比を利用して説明しなさい。

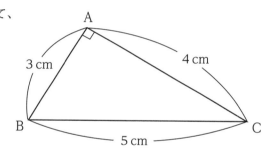

【5】 右の図のように、円の中心 O から 2 つの
　　　接点を結んだとき、$AB = AC$ が成り立つ
　　　ことを説明しなさい。

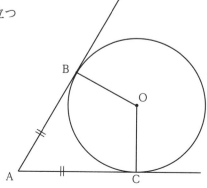

【6】 右の図において、斜線部分の面積が
三角形 ABC の面積と同じになるこ
とを説明しなさい。

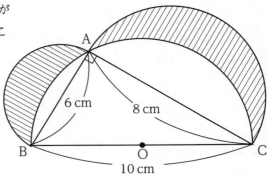

【7】 右のような図において、
$$\frac{b}{a} \times \frac{d}{c} \times \frac{f}{e} = 1$$
が成立することを説明しなさい。

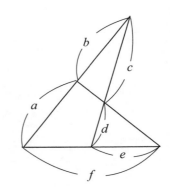

【8】 右の図において、角 ABC を AD が
二等分するとき、
$$a : b = c : d$$
が成立することを証明しなさい。

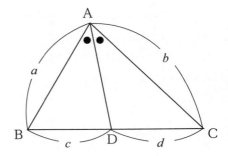

　　巻末付録として、各種図形の公式の成立する理由について説明させて頂きたいと思います。普段は当たり前のように使っている公式ですが、その成立する背景まで知ることによって、理解に深みが出ます。それにより、練られた難問にも対応出来ると自負しております。これから紹介する公式を他の人にも説明出来るようになるくらい理解することが出来れば本物の実力が付いたと言えます。

【1】三角形の内角の和

　　三角形の内角の和は**180度**になることはすでに皆さん知っていると思います。では何故『三角形の内角の和は180度になるのか』を考えたことがありますか？　今回はその説明について考えてみたいと思います。

★説明①★

　　下の図のような三角形ABCにおいて、それぞれの角をa、b、cと定める。BCと平行になり点Aを通る直線DEを引くと、下の図のようになる。

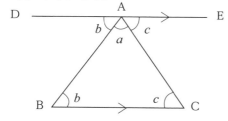

　　このとき、平行線の錯角は等しいので、
　　　角BAD＝角CBA（＝角b）
　　　角CAE＝角ACB（＝角c）
よって、
　　　角BAC＋角BAD＋角CAE＝180度
　　　　　　　$a + b + c = 180$度
となり、三角形の内角の和は180度になることが成立する。

→ 以下の2つについては既知として扱うこととする。

90度

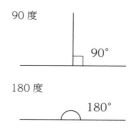

180度

→ 同位角、錯角は2直線が平行になると等しくなる。逆に平行でないときは、等しくならないことも知っておくこと。
　平行＝同位角・錯角は等しい

→ 平行線の錯角はアルファベットのＺで表すことも多い。

※平行線でないと、錯角は成立しない。

★説明②★

　下の図のような三角形 ABC において、それぞれの角を a、b、c と定める。辺 BC を C の方向に延長させた点を D として、辺 AB と平行で点 C を通る直線 CE を引くと、下の図のようになる。

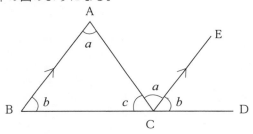

→ 説明の方法は同じ。平行な線を引く場所が異なっているだけのこと。

　このとき、平行線の同位角は等しいので、

　　角 ABC ＝角 ECD（＝角 b）

　同様にして、平行線の錯角は等しいので、

　　角 BAC ＝角 ACE（＝角 a）

　よって、

　　角 BCA ＋角 ACE ＋角 DCE ＝ 180 度

　　　　　　　$a + b + c = 180$ 度

となり、三角形の内角の和は 180 度になることが成立する。

【2】多角形の内角の和

　例えば、四角形の内角の和が **360 度**になることを考えてみる。四角形の 1 つの頂点から引くことの出来る対角線は 1 本で、それにより 2 つの三角形に分かれるので、その内角の和は、

　　$180 \times 2 = 360$ 度

となる。

→ 四角形などの多角形を 4 角形と表記するのは誤り。必ず、漢数字で表すルールがある。

次に五角形の内角の和について同様に考えてみると、五角形の 1 つの頂点から引ける対角線の本数は 2 本で、それにより 3 つの三角形に分かれるのでその内角の和は、

$$180 \times 3 = 540 度$$

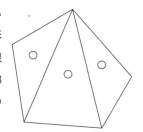

同様にして六角形の内角の和についても同様のことがいえる。六角形の 1 つの頂点から引ける対角線の本数は 3 本で、それにより 4 つの三角形に分かれるのでその内角の和は、

$$180 \times 4 = 720 度$$

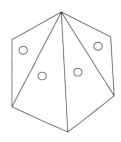

また、七角形の内角の和についても同様のことがいえる。七角形の 1 つの頂点から引ける対角線の本数は 4 本で、それにより 5 つの三角形に分かれるのでその内角の和は、

$$180 \times 5 = 900 度$$

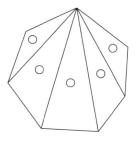

最後に n 角形の内角の和について考えてみる。n 角形の 1 つの頂点から引ける対角線の本数は $n - 3$ 本で、その対角線により $n - 2$ 個の三角形に分かれるのでその内角の和は、

$$180 \times (n - 2) 度$$

となる。

→　五角形や六角形などの内角の和はよく活用するので覚えておくと極めて便利。
五角形＝ 540 度
六角形＝ 720 度

→　特に正六角形の分割については相似などと絡むことが多いので以下の分割を出来るように。

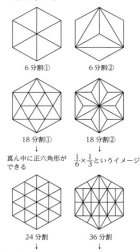

6 分割① 　　6 分割②

18 分割① 　　18 分割②
↓ 　　　　　↓
真ん中に正六角形が　$\frac{1}{6} \times \frac{1}{3}$というイメージ
できる

24 分割 　　36 分割
↓ 　　　　　↓
$\frac{1}{6} \times \frac{1}{4}$というイメージ　18 分割をさらに
半分にする

【3】多角形の外角の和

例えば、四角形の外角の和が 360 度になることを考えてみる。右の図のように、四角形の 1 つの頂点に内角と外角を作り、それぞれの外角を a、b、c、d とする。いま、4 つの頂点の内角と外角の和はそれぞれ 180 度になることから、外角の和は、

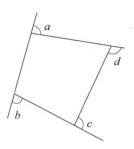

$$a + b + c + d = 180 \times 4 - 360$$
$$= 360 \text{ 度}$$

→ 多角形の 1 つの頂点における内角と外角の和は 180 度になる。

→ 4 つの 180 度から、四角形の内角の和を引いて求めている。

同様に五角形の外角の和について同様に考えてみると、右の図のように五角形の 1 つの頂点における内角と外角の和は 180 度になるので、それらの和から五角形の内角の和を引いて、

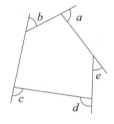

$$180 \times 5 - 540 = 360 \text{ 度}$$

以上より、n 角形の内角の和について考えてみる。n 角形の 1 つの頂点にある内角と外角の和は 180 度となるので、これらの和から n 角形の内角の和を引けばよいので、

$$180 \times n - 180 \times (n - 2) = 180 \times 2$$
$$= 360 \text{ 度}$$

となる。

→ ここでは分配法則を利用している
$180 \times n - 180 \times (n - 2)$
$= 180 \times (n - n + 2)$
$= 180 \times 2$
$= 360 \text{ 度}$
となる式が成立している。

解答の指針　n 角形の内角・外角の和

① n 角形の内角の和 = $180 \times (n - 2)$

② n 角形の外角の和 = 360 度

【4】ピタゴラス数（三平方の定理）

右のような図において、

$$a^2 + b^2 = c^2$$

という式が成立することについ
いて以前お話をしたと思いま
す。これを三平方の定理と
言って中学入試でも出題され
ることがあります。

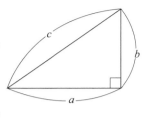

今回は、この三平方の定理の成り立つ理由について考
えていくことにします。

→　この三平方の定理は発見者
の名前を取って、ピタゴラ
スの定理とも呼んでいる。
　ピタゴラス (BC582 ～
BC496) は古代の数学者、
哲学者のことで、6 や 28 な
どの完全数の発見をした。

★説明①★　三角形の相似な図形の面積比を利用

下の図のような直角三角形 ABC において、点 A から
BC に下ろした垂線を D とします。

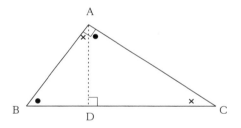

上の図において、三角形 ABC と三角形 DBA と三角
形 DAC は相似な三角形となるので、その相似比は、

三角形 ABC：三角形 DBA：三角形 DAC $= c : a : b$

となることから、その面積比は、

三角形 ABC：三角形 DBA：三角形 DAC $= c^2 : a^2 : b^2$

以上より、その面積に注目すると、

三角形 DBA ＋三角形 DAC ＝三角形 ABC

となることから、

$$a^2 + b^2 = c^2$$

という式が成立する。

→　図形問題は**等しい返や角に
印を付けて**、二等辺三角形
や正三角形、相似などを発
見し易く工夫をする。

→　相似な図形を発見するとき
は、**2 角が等しい**という相
似条件にのみ着目すればよ
い。

→　それぞれの三角形の斜辺の
長さが相似比に対応してい
る。

★説明②★　ユークリッドによる証明法

角 A ＝ 90 度である直角三角形 ABC で、AB ＝ a、AC ＝ b、BC ＝ c とする。また、AB、AC、BC をそれぞれ一辺とした正方形 ADEB、AFGC、BHIC を直角三角形ABCの外側に作るものとします。

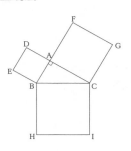

→ この図において、
正方形 ADEB ＝ a^2
正方形 AFGC ＝ b^2
正方形 BHIC ＝ c^2
となる。これを元に説明していくことにする。

また、三角形 ABE の面積は、正方形 ADEB を二等分してできた図形なので、

三角形 ABE ＝ $\dfrac{a^2}{2}$ …①

となる。また、BE と CD は平行であることから、

三角形 ABE ＝三角形 BCE

が成立する。

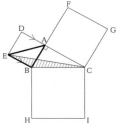

→ 等積変形の利用。

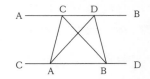

AB と CD が平行なので、底辺と高さが等しいことから、
三角形 ABC ＝三角形 ABD
が成立する。

また、右の図より、

EB ＝ AB

BC ＝ BH

角 EBC ＝角 ABH

　　　＝ 90 度＋角 ABC

となることから、

三角形 BCE ＝三角形 ABH

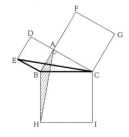

また、点 A から辺 HI に垂線を引き、BC との交点を J、HI との交点を K とすると、BH と AK は平行なので、

三角形 ABH ＝三角形 BHJ …②

以上から、①、②より、

長方形 BHKJ ＝正方形 ADEB

が成立する。

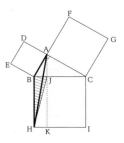

→ つまり、以下のようになる。

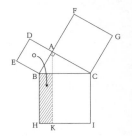

同様にして、三角形 ACG においても同じことがいえるので、

→ 先程と全く同じ説明方法になるので、ここでは割愛する。

　　　三角形 ACG ＝三角形 CIJ

となるので、

　　　正方形 AFGC ＝長方形 CJKI

　　以上より、

　　　正方形 BHIC ＝正方形 ADEB ＋正方形 AFGC

が成立するので、$a^2 + b^2 = c^2$ が成立する。

　いかがでしたか？　以上のように三平方の定理という公式を説明出来るわけです。その過程において、普通ならば整数にならない直角三角形の辺の長さが整数になるときがピタゴラス数というわけです。3：4：5 の三角形などが代表的なものと伝えていると思います。以下のように三角形の形で押さえておくと便利です。

〈3：4：5 の直角三角形〉　　〈5：12：13 の直角三角形〉

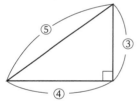　　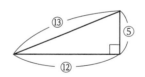

$3^2 + 4^2 = 5^2$ が成立する　　$5^2 + 12^2 = 13^2$ が成立する

〈8：15：17 の直角三角形〉　　〈7：24：25 の直角三角形〉

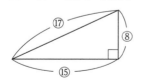　　

$8^2 + 15^2 = 17^2$ が成立する　　$7^2 + 24^2 = 25^2$ が成立する

　このユークリッドによる三平方の定理の説明を題材にしている問題が過去に出題されています。次のページを見て下さい。灘中の入試問題になります。

実践問題

下の図で、三角形 ABC は直角三角形です。また、四角形 BDEC、ACFG、AHIB、EKLF、HGMN、IOJD は全て正方形であるものとします。このとき、次の問いに答えなさい。

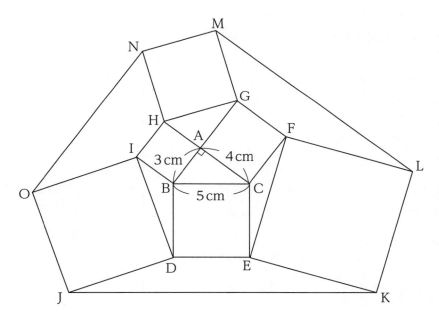

(1)　六角形 DEFGHI の面積を求めなさい。

(2)　辺 JK、LM、NO の長さをそれぞれ求めなさい。

(3)　六角形 JKLMNO の面積を求めなさい。

（灘中）

☞ **解説**

　以前も説明をしていますが、灘中の図形問題は補助線を引かないと解けない問題が多いです。しかし、その補助線の引き方にも**円の半径を結ぶ**ことや**図形を分割する**など明確なルールが存在します。灘中といえどもそのようなルールを逸脱するような問題は稀です（この問題がそうなのですが…）。もし、そのような問題に当たった場合は、見たことある形に直して考えていくという手法を使うのが吉です。少し難しい問題ですが、1つ1つ丁寧に見ていきましょう。

(1)

　真ん中にある、ユークリッドの図形のみについて考える。正方形 BDEC の辺 BC を折り返した図形を作図すると以下のようになる。

→ このままだと求められるのは真ん中にある直角三角形とその周囲の正方形のみ。三角形 CEF、BDI の面積が出せないので、高さを考える必要がある。

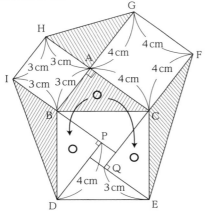

→ 正方形の分割は押さえておくべき。

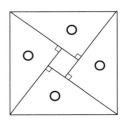

　以上より、求める面積は、一辺が 3cm、4cm、5cm の正方形と底辺が 3cm、高さが 4cm の三角形が 4 つ分の面積の和になることから、

$$3 \times 3 + 4 \times 4 + 5 \times 5 + 3 \times 4 \times \frac{1}{2} \times 4 = 9 + 16 + 25 + 24$$
$$= 74 \, \text{cm}^2 \cdots \text{（答）}$$

(2)

　下の図のように、点 D ～ I より垂線をそれぞれの辺 JK、LM、NO に引いて、交点を点 R ～ W とすると以下のようになる。

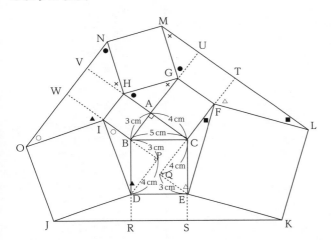

→ 相似な図形はピラミッド型、クロス型（砂時計型）が代表的だが、以下の形もよく出るので押さえておくこと。

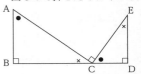

　このとき、三角形 ABC と三角形 CDE は相似な三角形となる。

→ この問題では、点 D ～ I から引く垂線が引けるかどうかがカギになる。上の相似形の活用を思いつけば何とか引けるはず。

　このとき、三角形 HVN と三角形 GAH は合同な三角形なので、対応する辺の長さは等しいので、

$$AH = VN = 3\,cm$$

　同様にして、三角形 PDI と三角形 WIO についても合同な三角形なので、対応する辺の長さは等しいので、

$$PI = WO = 3 + 3$$
$$= 6\,cm$$

以上より、

$$NO = NV + VW + WO$$
$$= 3 + 3 + 6$$
$$= 12\,cm \cdots（答）$$

→ 丁寧な作図を心掛けていないと辺の長さでミスをするので注意を。

　また、三角形 MUG と三角形 GAH は合同な三角形なので、対応する辺の長さは等しいので、

$$MU = GA = 4\,cm$$

同様にして、三角形 FTL と三角形 EQF についても合同な三角形なので、対応する辺の長さは等しいので、

$$PI = WO = 4 + 4$$
$$= 8\,\text{cm}$$

以上より、

$$ML = MU + UT + TL$$
$$= 4 + 4 + 8$$
$$= 16\,\text{cm} \cdots（答）$$

→ 丁寧な作図を心掛けていないと辺の長さでミスをするので注意を。

台形 GFLM、HION、DJKE と真ん中の三角形 ABC を合わせると、以下の図のようになることから、

→ NO を求める際に書いておいた印に注目すると、
　　●＋×＝ 90 度
　また、OI = JD、FL = EK よりそこの辺も重ねて考えることが出来る。

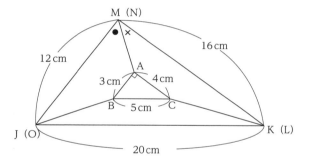

→ この作図が難しい。普段から図形の構成などを意識していないと中々作ることは出来ないような図形になる。

三角形 MJK と三角形 ABC は相似な三角形で、その辺の比が 3 : 4 : 5 となるので、

$$JK = 20\,\text{cm} \cdots（答）$$

(3)

　辺 MN、OJ、KL を斜辺とする直角三角形を作図する
と以下のようになる。

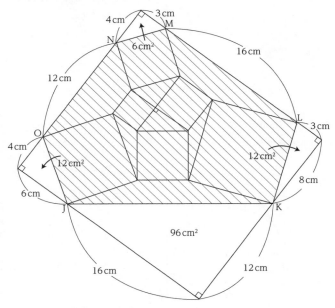

よって求める部分の面積（斜線部分の面積）は、

$$20 \times 22 - (6 + 12 + 12 + 96) = 440 - 126$$
$$= 314\,\text{cm}^2 \cdots (\text{答})$$

→ この作図が難しい。図形を
見る視点を変えてみること
が大切。発想の転換が大事。

【5】円の接線の性質

右のような図において、

　　AB ＝ AC

という式が成立すること
は、三角形 OAB と三角
形 OAC が合同であるこ
との証明をする。

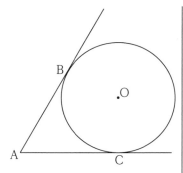

その上で、対応する
辺の長さが等しいことから導くことが出来ます。ただし、
三角形の合同条件ではなく特殊な直角三角形の合同条件
を用いた説明になります。

★説明★

右の図において、円 O
の中心と点 A を結ぶ。こ
のとき、三角形 OAB と三
角形 OAC において、円の
中心から接線に下ろした直
線は 90 度で交わるので、

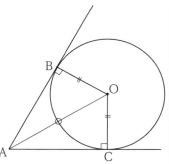

　　角 OBA ＝角 OCA ＝ 90 度　…①

また、円の半径であることから、

　　辺 OB ＝辺 OC　…②

共通な辺より

　　辺 OA ＝辺 OA　…③

①、②、③より直角三角形の斜辺と他の 1 辺がそれぞ
れ等しいことから、

　　三角形 OAB と三角形 OAC は合同な三角形

となる。よって、合同な三角形の対応する辺の長さは等
しいので、

　　AB ＝ AC

が成立する。

→ 円の中心から円の接線に引
　 いたときの角度が 90 度であ
　 ることをわかっているもの
　 として考えてしまって構わ
　 ない。今は定理だけを知っ
　 ておくと良い。以下のよう
　 な定理になる。

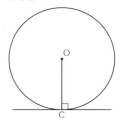

→ 三角形の合同条件は 3 つあ
　 り、以下の通り。
　　 ① 3 辺がそれぞれ等しい
　　 ② 2 辺とその間の角がそれぞ
　　　 れ等しい
　　 ③ 1 辺とその両端の角がそれ
　　　 ぞれ等しい

　 これ以外に直角三角形の合
　 同条件が 2 つある。具体的
　 には以下の通り。
　　 ① 斜辺と他の一辺がそれぞれ
　　　 等しい
　　 ② 斜辺と 1 つの鋭角がそれぞ
　　　 れ等しい
　 〈斜辺と他の 1 辺〉〈斜辺と 1 鋭角〉

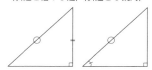

　 以上のように、斜辺と辺や
　 角が定まれば残りの辺も 1
　 通りに決まることをイメー
　 ジしてみよう。

※中学受験においてはそこまで重要ではな
　 い。参考程度で構わない。

【6】ヒポクラテスの三日月

　下の図において、斜線部分の面積が三角形 ABC と等し
くなることを説明していく。

→ この図形をヒポクラテスの
三日月という。知っていれ
ば、図形の面積を簡単に求
められるので、是非ともマ
スターして欲しいところ。

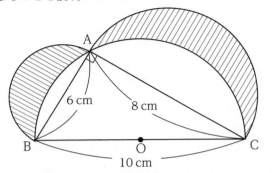

斜線部分を求める式を図形の形で式を立てると、以下のようになる。

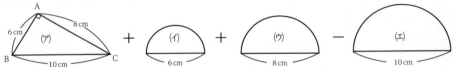

(ア)〜(エ)のそれぞれの図形の面積を求めると、

$$\text{(ア)} = 8 \times 6 \times \frac{1}{2}$$
$$= 24$$

$$\text{(イ)} = 3 \times 3 \times 3.14 \times \frac{1}{2}$$
$$= \frac{9}{2} \times 3.14$$

$$\text{(ウ)} = 4 \times 4 \times 3.14 \times \frac{1}{2}$$
$$= \frac{16}{2} \times 3.14$$

$$\text{(エ)} = 5 \times 5 \times 3.14 \times \frac{1}{2}$$
$$= \frac{25}{2} \times 3.14$$

となるので、上の図形式と比較して式を立てると、

$$\text{斜線部分} = \text{(ア)}+\text{(イ)}+\text{(ウ)}-\text{(エ)}$$
$$= 24 + \frac{9}{2} \times 3.14 + \frac{16}{2} \times 3.14 - \frac{25}{2} \times 3.14$$
$$= 24\,\text{cm}^2$$

が成立する。

　このような図形をヒポクラテスの三日月と呼んでいて、斜線部分の面積は円に内接して
いる三角形の面積と等しくなることを知っておくと入試で出題された場合、大幅な時間短
縮になり、試験時間にゆとりが生まれるのではないでしょうか？　参考例として、次のペー
ジにヒポクラテスの三日月の応用型の問題を１つ紹介しておきます。

☞ヒポクラテスの三日月を用いた求積問題

　下の図の斜線の面積は4つの合同な三角形で出来ています。一番左の図形は直径6cmの半円と、点A、点Bを通る中心角90度のおうぎ形で出来ています。斜線部分の面積の和を求めなさい。

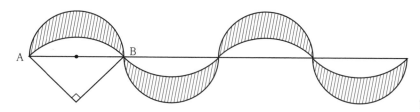

雙葉中

　1つの斜線部分の面積は、直角三角形の面積と等しくなるので、求める面積は直角三角形4個分と等しくなり $36\,\mathrm{cm}^2$ …（答）になることがわかると思います。

【7】メネラウスの定理

　中学受験ではメネラウスの定理として、与えられている定理になりますが、『図形のてんびん』という方法を用いると比較的簡単に答を導くことが出来ます。しかし、それだけではなくその根底にあるメネラウスの定理がなぜ成立するのかを知っておくのが本当の学習というものです。

→ この問題は2通りの方法で答えを出すことが出来る。入試直前などの場合は無理に新しい解法を理解しようとせずに今まで用いていた解法を使用すると良い。

★説明★

　下の図において、点A～Eを定める。三角形ABCの頂点Aを通り、直線DFに平行な直線を引き、直線BCのCのほうに延長した交点をGとする。

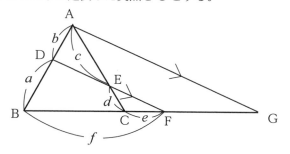

三角形 CEF と三角形 CAG は相似な三角形であること
から、その相似比は等しいので、

　　CE : EA = CF : FG

比の内項・外項の積は等しいので、CE × FG = EA ×
CF が成り立つので、

$$\frac{CE}{EA} = \frac{CF}{FG} \cdots ①$$

→ 両辺を EA と FG で割って求
めている。イメージしづら
い場合は、相似比の比の値
を考えることで解決する。

同様にして、三角形 BDF と三角形 BAG についても相
似な三角形であることから、

$$\frac{DA}{BD} = \frac{BF}{FG} \cdots ②$$

→ 先ほどと同様に、相似比を
利用して考える。

①、②より、

$$\frac{DA}{BD} \times \frac{EC}{AE} \times \frac{FB}{CF} = \frac{BF}{FG} \times \frac{FG}{CF} \times \frac{CF}{BF} = 1$$

以上より、

$$\frac{b}{a} \times \frac{d}{c} \times \frac{f}{e} = 1$$

が成立する。

★実践編★

次に具体的に『図形のてんびん』を用いての解法につ
いて紹介していきたいと思います。

以下の図において、AR : RB = 3 : 2、BC : CP = 2 :
1 であるとき、AQ : QC、PQ : QR を求める。

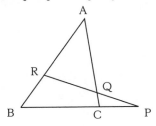

まず、はじめに図形のてんびんとは真ん中の点 Q を支
点として点 A、点 B、点 P におもりがぶら下がっていて
つり合っている 2 次元のてんびんであると考える。ただ
し、棒の重さは考えないものとします。

　まず、おもりがぶら下がっていると仮定している点 A、点 B に直線 AB 上でのつり合いから考えて、おもりの重さを書き入れる。

　同様にして、点 B、点 P についても、おもりの重さを書き入れる。

　重さの割合が揃っていないので一致させる。

　これで準備完了です。まずは、AQ：QC については点 Q を支点として、点 A と点 C におもりがあると仮定しているので、点 C には⑨のおもりがぶら下がっていると考えることより、逆比を用いて、

$$AQ：QC = 9：2$$

となる。

　同様にして、PQ：QR = 5：6 となる。

→ 直線 AB と AR：RB = 3：2 であることから、逆比が成立する。

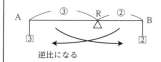

逆比になる

→ 点 B は 2 通りの割合で表されるので、一致させる。

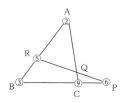

【8】角の二等分線の定理

　図形の相似の応用形として、角の二等分の定理というのがある。以下の図において、角 ABC を二等分する線をあ AD とするとき、

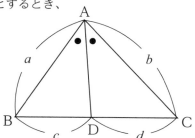

$a：b = c：d$ が成立する。

→ あまり出題されないが、出題された場合、これを知っているとかなり幸せな気分になります（笑）。

★説明★

　AD と平行な直線を点 C を通り、BA を A へ延長させた
交点を点 E とすると、以下のようになる。

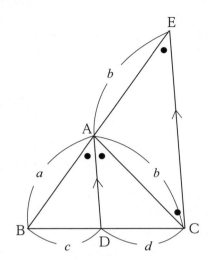

　AD と CE は平行線なので、同位角より、

　　∠ BAD ＝∠ AEC　…①

　同様に平行線の錯角より、

　　∠ DAC ＝∠ ACE　…②

　また題意より、∠ BAD ＝∠ CAD がわかっているので

　　∠ AEC ＝∠ ACE

となり、三角形 ACE は二等辺三角形となることより、

　　AC ＝ AE ＝ b

　ここで、三角形 BAD と三角形 BEC は相似な三角形なので、
対応する辺の比は等しいので、

　　$a : b = c : d$

が成り立つ。

→ 三段論法の活用。

◆◇家庭教師のご案内◇◆

　主に**首都圏在住の中学受験生**を対象とした、**算数・理科の家庭教師指導**も行っております。勿論、首都圏だけではなく日本全国からのご依頼も受け付けています。交通費のご負担さえして頂ければどんな遠方でもお伺い致します。詳細は奥付にある私のブログなどをご覧になってみて下さい。

　開成、筑駒、桜蔭などの最難関校の入試対策から、その他どの学校の入試対策に関しても完全対応することが可能です。志望校合格に不足していることを即座に判断して、最短ルートでの合格までの道筋を引いていきます。勿論、非受験学年の受験生においても最適な学習方法をご提案致します。現在通塾している塾の効果のある使い方などもにご提案します。

　非受験生の指導に関しては、各塾の先取り学習を優先的に進めていくというスタイルなど、様々なニーズに対応する指導を取り入れております。

　ご興味のある方は、下記メールアドレスまでお気軽にお問合せ下さい。

recrutemrnt.student@gmail.com

● 2017 年度～ 2019 年度の合格実績●

開成　2名	筑波大学附属駒場　1名	駒場東邦　2名
雙葉　1名	フェリス女学院　1名	聖光学院　3名
栄光学園　1名	慶應義塾普通部　2名	慶應義塾湘南藤沢中等部　1名
慶應中等部　1名	早稲田　2名	早稲田大学高等学院中学部　1名
海城　2名	浅野　2名	渋谷教育学園渋谷　1名
洗足学園　1名	横浜雙葉　1名	広尾学園　1名
東京都市大学付属　4名	國學院久我山 ST　2名	鎌倉学園　1名
世田谷学園　2名	三田国際学園　1名	香蘭女学校　2名
大妻　1名	品川女子学院　1名	東京都市大学等々力　1名
普連土学園　1名	東京女学館　1名	山脇学園　1名
大妻中野　1名	日大二中　2名	三輪田学園　1名

※塾講師の経験も 15 年以上の経験から、ここには記載されていない桜蔭や女子学院、豊島岡女子学園、筑波大学付属中などの難関校やその他の学校の対策においても確かな実績を持っておりますのでご安心下さい。

■著者紹介■

市原秀夫（いちはら・ひでお）

　中学受験専門のプロ家庭教師 (算数・理科)。大手進学塾時代は高い合格率を残しており、その合格率は 85% を超える。合格率 1 位になることもあり、講師アンケートにおいても 1 位を獲得するなど高い評価を得る。その傍らで、志望校別コースの算数科目責任者を歴任し、テキスト作成や模試作成なども行っていた。

　家庭教師においては 90% 以上の高い志望校合格率を誇り、どこの学校にも対応出来る講師。難関校入試に特に強く筑駒、開成、麻布、駒東、聖光、栄光、桜蔭、女子学院、雙葉、フェリスなどに関しては極めて高い成績を残している。勿論、それ以外の学校の対策も万全に行う自信と経験を持っている。

家庭教師のご依頼は　☞　recrutement.student@gmail.com

ブログ　☞　https://ameblo.jp/rikeinotatuzinn/
　　　　中学入試 算数・理科の極

語りかける中学受験算数
超難関校対策集
平面図形編

2020 年 3 月 20 日　初版第 1 刷発行

著　者　市原秀夫

編集人　清水智則　発行所　エール出版社

〒 101-0052　東京都千代田区神田小川町 2-12　信愛ビル 4 F

電話　03(3291)0306　　FAX　03(3291)0310

メール　info@yell-books.com

ISBN978-4-7539-3465-2

中学受験算数
東大卒プロ家庭教師がやさしく教える
「割合」キソのキソ

割合が苦手な生徒はこの本を読んで割合が得意になろう！ 割合を学んだことのない生徒はこの本で１から割合を学ぼう！

第１章 割合ってなんだろう／ 第２章 くらべられる量を求めよう／第３章 もとにする量を求めよう／ 第４章 割合の３用法の覚え方／第５章 知っておくと役に立つ！ 割合の裏ワザ／ 第６章 百分率について学ぼう！／ 第７章 歩合について学ぼう！／ 第８章 １をもとにする割合、百分率、歩合を復習しよう！／ 第９章 割合の文章題を解いてみよう！／ 第10章 良く頑張りましたね！

ISBN978-4-7539-3467-6

中学受験算数
計算の工夫と暗算術を究める

２ケタ×２ケタの新しい暗算術「ニコニコ法」や分数の割り算をひっくり返さずに速く解く「高速××法」、比の計算の工夫など、どの本にも載っていない、だれよりも計算に強くなる方法がいっぱい。

どうすれば計算力が強くなるのか／ニコニコ法で２ケタ×２ケタのかけ算は筆算を使わずに解ける／分数の割り算・高速XX法／小数計算が楽になる「小数点のダンス」／２ケタ×11の暗算術／分配法則を使った暗算術／３ケタ×１ケタの暗算術／覚えるべき小数と分数の変換／かけ算と割り算の混ざった式の計算の工夫など

ISBN978-4-7539-3434-8

小杉拓也・著　　　　　　　　　◎本体各 1500 円（税別）

中学受験国語
「気持ち」を読み解く
読解レッスン帖①

**学校では教えてくれない登場人物の「気持ち」を
ゼロから、ひとつずつていねいに学ぶための本**

第0章★「気持ちのわく流れ」を理解する

第1章★「状況」から「気持ち」を理解する

第2章★「行動」から「気持ち」を理解する

付録　「気持ち」についての一覧表

ISBN978-4-7539-3343-3

中学受験国語
「気持ち」を読み解く
読解レッスン帖② 発展編

第1章★「気持ち」のわく流れと「状況」・「行動」の復習

第2章★「状況」と「行動」の二方向から「気持ち」を特定する

第3章★「解釈」という概念

第4章★「行動の発展」

付録　「行動」から理解できる「気持ち」一覧

ISBN978-4-7539-3397-6

前田悠太郎・著　　　　　　　　　　　　◎本体各1500円（税別）

中学受験国語
文章読解の鉄則

受験国語の **「文章読解メソッド」** を完全網羅！
難関中学の合格を勝ち取るには、国語こそ**「正しい戦略」**
が不可欠です
本書が、貴方の国語の学習法を劇的に変える **「究極の
一冊」** となることをお約束します

ISBN978-4-7539-3323-5

井上秀和・著　　　　　　　　　　　◎本体 1600 円（税別）